日経文庫
NIKKEI BUNKO

ESGはやわかり

小平龍四郎

日本経済新聞出版

はじめに　ＥＳＧという旅の始まり

日本経済新聞で資本市場や金融の分野を30年以上取材してきました。最近は投資の世界で頻繁に言及される「ＥＳＧ」の動向におおいに関心を持つようになりました。「ＥＳＧ」や、それと表裏の関係にある「ＳＤＧｓ」という言葉を見たり聞いたりしない日はありません。前者は「環境・社会・企業統治」、後者は「持続可能な開発目標」という意味で、ともに国連による造語です。

真面目で堅苦しい言葉が、なぜ人々の心をとらえ、世間に広がっているのか。本書の執筆を思い立った直接の動機は、ここにありました。

時代によって市場の人気を集める企業やテーマ、投資手法は移り変わってきました。個人的なことを少し申し上げますと、新聞記者になったのは１９８８年（昭和63年）ですから、もはや歴史の一ページである「バブル経済」も少しだけ経験しました。「債権大国」「ウォーターフロント」「民営化」など、多くのテーマや標語が株式市場で浮かんでは消えていきました。

時が流れ、20世紀から21世紀への時代の変わり目には、世界的に「インターネット・バブル」が起きました。

相場の歴史を彩ってきた様々なテーマの発案者は、金融機関でした。テーマを作り出すことにより、関連する投資信託などの金融商品を販売したり、自ら相場の波にのって売買益を稼ぎやすくしたりするためでした。

人によってはESGもそうしたバブルの歴史に連なるブームの過熱と考えるかもしれません。確かに、日本の証券会社はESG投信を熱心に売っています。本当に意味を理解して購入されているのだろうかと、はた目に心配になる投資家もいらっしゃいます。

しかし、資本市場でESGが放つメッセージの深さは、一時的な現象とは片付けられないものがあると感じています。経済の深い部分で確実に地殻変動が起きているという感触が、ESGにはあるのです。

本書の狙いは大きく分けて2つです。

一つは、そもそもESGにはどんな背景があり、なぜこれほど市場取引に参加する人々の心をとらえているのかを解き明かすこと。

もう一つは、ＥＳＧの広がりによって資本市場や企業経営がどのように変わりつつあるかを分析すること、です。

本書は入門書の体裁なので、そもそも論に立ち返った平易な解説を心がけています。各章の初めに設けた「はやわかり」の部分だけを読み進めていただいても、ＥＳＧに関する最低限の包括的な知識が得られるように構成してあります。

本書には、ＥＳＧのテーマや用語別の解説が多くありません。これが類似のＥＳＧ本と最も異なる点です。投資家や企業、規制当局、非政府組織（ＮＧＯ）といった資本市場の関係者がＥＳＧとどのように向き合い、行動しているかという点に焦点を当てています。

資本市場の生態系（エコシステム）がＥＳＧの登場でどう変わったか、変わりつつあるかという全体観を示すのが、本書の隠れたテーマでもあります。ＥＳＧの未来についてやや思い切った個人的な予測もしています。

欧州の市場関係者と話していると、「ＥＳＧはジャーニー（旅）である」と言う人に出会うことがあります。現段階で概念や理論は定まりきっておらず、こうすれば大丈夫という定石のセオリーもない。しかし、必ずどこかに到達し、何事かをなし遂げられるはずである。そんな確信を抱いて企業も投資家も、ＥＳＧの旅路を歩きながら考えています。

最初は一人旅だったのに、いつの間にか仲間ができて、環境や人権について議論が始まります。これまであまり話したことがなかった人たちが知見を持ち寄り、投資に応用できないかアタマをひねるようになります。語らいは次第に輪を広げ、大河のような滔々(とうとう)とした流れに育っていくでしょう。

本書がそんな知の旅のガイドブックになればよいと思います。

ESGはやわかり　目次

第2章　投資家が変わる

第3章　企業が変わる

第4章 インフラが変わる

第5章 ＥＳＧは進化する 183

第6章 ESG用語の基礎知識

第1章

マネー奔流、なぜ、いつから

【第1章はやわかり】

この章ではESG（環境・社会・企業統治）という考え方が生まれた経緯や時代背景などを説明します。ESGの登場前から続いているSRI（社会的責任投資）や、国連がつくったSDGs（持続可能な開発目標）との関係性についても触れます。

ESGが始まった世界的な起点は、時のコフィ・アナン事務総長率いる国連が責任投資原則（PRI）を発表した2006年です。日本で本格的に広がったのは、年金積立金管理運用独立行政法人（GPIF）が国連の責任投資原則（PRI）に署名した2015年からです。

この年は「世界の平均気温上昇を産業革命以前に比べて2度より十分低く保ち、1・5度に抑える努力をする」と定めたパリ協定が合意されました。また、世界の金融監督当局が気候変動の問題を金融システム安定と結びつけて考えるようになるなど、2015年はESGの発展を考えるうえで重要な出来事が相次ぎました。

ESGは投資の概念であり、市場から圧倒的な支持を受けて現在に至ります。国連は

ＰＲＩの構想を練るにあたって世界の運用会社を集めたワーキンググループを結成しました。投資家や企業に受け入れられやすい切り口を考えるためです。今日の金融市場におけるＥＳＧの盛り上がりは、市場を切り口にした国連の戦略が成功したと見ることができます。

ＥＳＧが大きな支持を集めているのは、世界的に資本主義のあり方を見直す思潮が強まっていることとも関係があります。米国の経営者団体ビジネス・ラウンドテーブルは、株主利益を至上とする考え方を改め、従業員や社会など広くステークホルダーを重視する方針に転じました。

環境・社会問題を重視するＥＳＧは、そうしたステークホルダー主義と相通じる部分が多くあります。実際、米ハーバード大学のレベッカ・ヘンダーソン教授らはＥＳＧ研究でも先行しており、「資本主義の再構築」はハーバード・ビジネス・スクール（ＨＢＳ）の人気授業の一つにもなっています。

ＥＳＧは企業に単に「善良であれ」と求めているのではありません。「善良でなければ企業として成功できない」と説いているのです。ＥＳＧは、投資やビジネスの有効性を否定するものでは決してありません。

ＥＳＧが流行する前、特に欧州ではＳＲＩという投資手法が盛り上がったこともありました。ＳＲＩは企業収益や投資成果との関係について、ＥＳＧほど精緻な研究が進みませんでした。しかし、背景となる考え方や哲学には連続性があります。ＥＳＧとＳＲＩをそれぞれ別のブームや流行と考えるべきではないでしょう。

国連はＳＤＧｓという17のゴールを示し、各国に実行を促しています。ＳＤＧｓとＥＳＧはコインの表裏の関係にあります。二つの違いを問う声もよく耳にしますが、「ＳＤＧｓは目標。ＥＳＧは目標実現のための手段」と考えておけばよいと思います。

1　きっかけは国連

ＥＳＧ。環境（Environment）、社会（Social）、企業統治（Governance）の３つの言葉の英語の頭文字を組み合わせた造語が、新聞やテレビ、ネットメディアにあふれています。もし、あなたが投資家なら企業のＥＳＧ格付けを気にしたり、ＥＳＧ投信の購入を検討したりしているかもしれません。投資の経験はなくとも、勤務先や取引先の会社がＥＳＧに関する経営目標を立てているかもしれません。

あるいは、あなたが学生ならば、就職活動に欠かせない企業研究で一度や二度は、これら

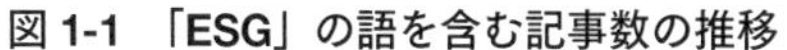

図 1-1 「ESG」の語を含む記事数の推移

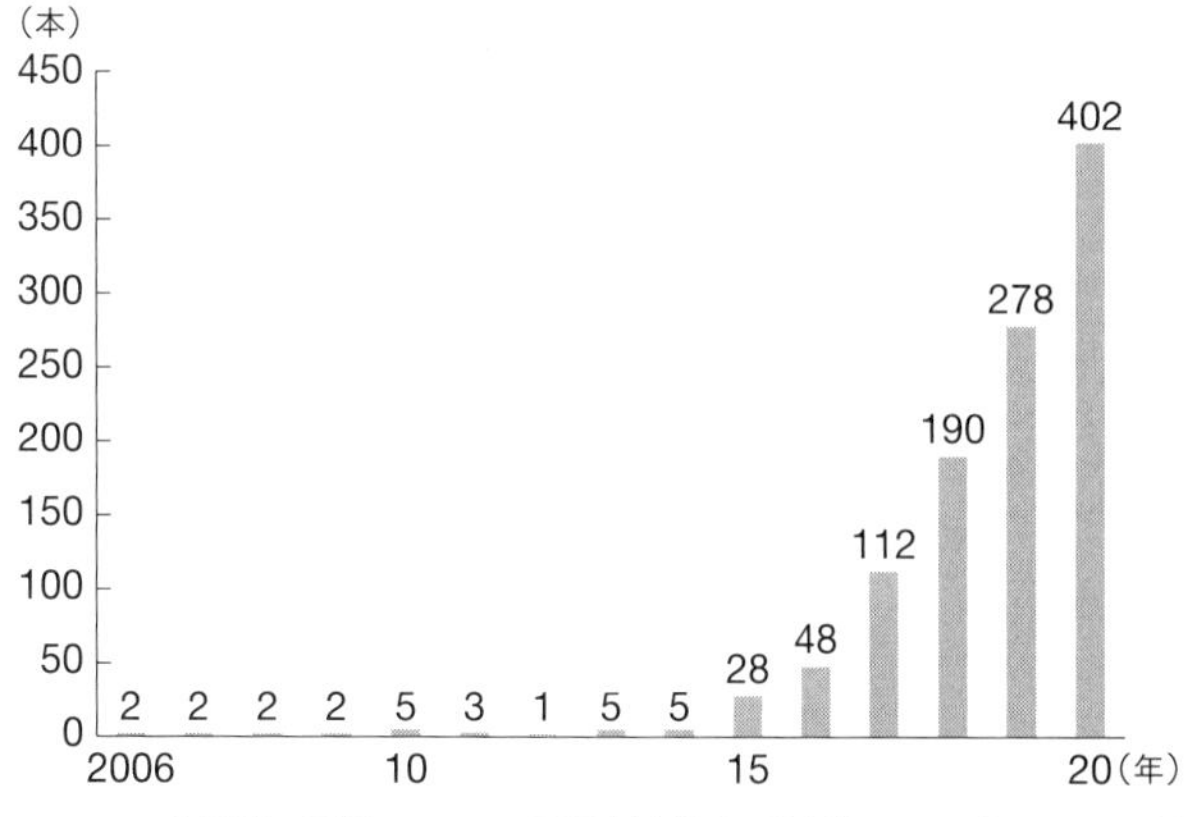

［出所］ 日経テレコン、日経本紙朝刊の記事数、2020 年は 1〜11 月

のアルファベットに触れたことがあるのではないでしょうか。ひょっとして、ESGを実践する環境団体を就職先の一つとして検討しているかもしれません。米国では、大学院を卒業した優秀な学生が環境団体などに職を得ることも珍しいことではありません。

増え始めたのは2015年から

「日本経済新聞」の検索データベースを使って「ESG」の言葉を含む記事の本数の推移を調べてみました（図1-1）。2020年は11月末までに402本の記事が、日経朝刊に掲載されていることが分かりました。11カ月で2019年1年間の4割増しの本数です。3年間で3・5倍という急増ぶりです。夕刊や日経電子版、

「日経ヴェリタス」などを含めればもっと多いことでしょう。

やや長い期間にわたって検索すると、ESGの記事が増え始めたのは2015年ごろからであることが分かります。後に解説しますが、この年は地球温暖化を防止するための国際的な枠組みである「パリ協定」が締結された年です。また、日本の公的年金運用機関である年金積立金管理運用独立行政法人（GPIF）が、国連の責任投資原則（PRI）に署名した年でもあります。

世界的にはどうかと言えば、GPIFも署名したPRIを国連が発表した2006年がESGの起点です。この年の4月、国連のコフィ・アナン事務総長（当時）が「投資分析と意思決定のプロセスにESGの課題を組み込む」など6項目からなる投資原則（表1–1）を打ち出し、各国の年金基金や資産運用会社に署名を求め始めました。ESGという用語が公式に世に出たのは、これが初めてでした。

2006年の発表当初は署名する機関の数も限られていましたが、これも15年のパリ協定前後から急増し始めました。今では全世界の署名機関は3000を上回り、その運用資産総額は100兆ドルを超えています（図1–2）。

表 1-1　国連責任投資原則（PRI）

①投資分析と意思決定の過程にESGの課題を組み込む
②株式の所有方針と慣習にESG問題を組み入れる
③投資対象にESG課題について適切な開示を求める
④資産運用業界に、PRIの受け入れ・実行を働きかける
⑤PRIの実行の効果を高めるために協働する
⑥PRIの活動や進捗状況に関して報告する

［出所］ ThePRI

図 1-2　国連 PRI の署名機関数と運用資産総額

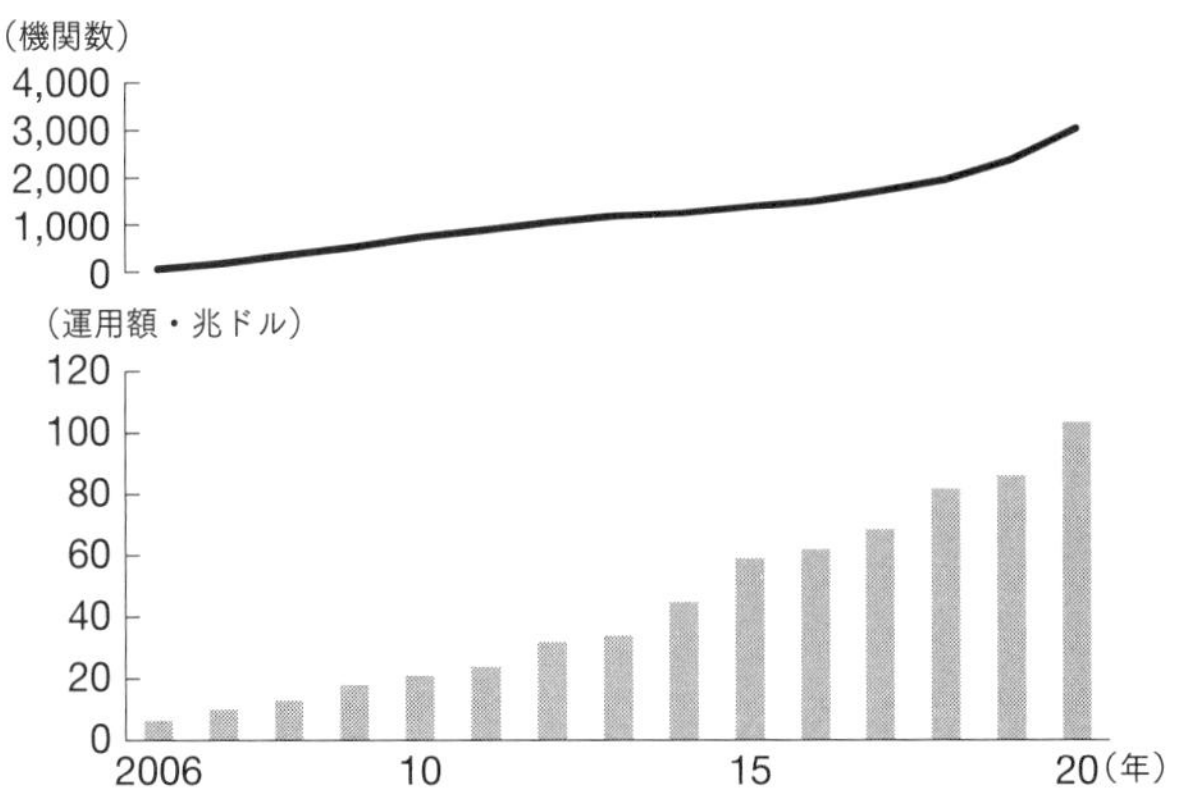

［注］ 各3月末
［出所］ ThePRI

「完全に主流になる」10年の始まり

ＰＲＩに署名した年金や資産運用会社は、資産の一定以上をＥＳＧ投資に振り向ける必要があるほか、そのための体制整備や情報開示にも取り組まなければなりません。義務を怠っていると最悪の場合は除名処分となり、公表もされます。これは大変に不名誉なことなので、署名機関は真面目にＥＳＧ投資に向き合うことになります。

ＰＲＩの作成を主導したのは、国連環境計画・金融イニシアチブ（ＵＮＥＰ－ＦＩ）と国連グローバル・コンパクトという国連の組織ですが、現在の普及促進や運営は「Ｔｈｅ　ＰＲＩ」という民間組織が担っています。ホームページには「(Ｔｈｅ　ＰＲＩは）国連の支援を受けているが、その一部ではない」と断り書きがあります。本部は英国のロンドンにあります。最高責任者（ＣＥＯ）はオーストラリアで年金業務に長く携わったフィオナ・レイノルズという女性です。

レイノルズ氏は投資情報紙の「日経ヴェリタス」に掲載されたインタビューのなかで、ＥＳＧ投資の現状と未来について、こう語っています。

「今は重要な投資手法として受け入れられた段階。次の10年の間には完全に主流になるだろう。人は簡単にそれまでのやり方を変えられないが、金融業界に入ってくる若者は考え方が異なる。米国証券アナリスト（CFA）の資格を取る際に、サステナビリティについて学ぶ。中銀や政府が重視するなか、投資家もサステナビリティを考えざるを得ない」（2020年4月22日付「日経ヴェリタス」ウエブサイト）

今年はレイノルズ氏が言う通り、ESG投資が運用の世界において「完全に主流になる」10年の始まりとなるかもしれません。

主流になるということは、当たり前のことになるということも意味します。投資の意思決定において環境や社会問題、あるいは企業統治の中身を検討することは当たり前すぎて、わざわざESGと言う必要がなくなる、すなわちESGという言葉そのものは今後の10年で消えていくかもしれません。投資、特に企業を10年単位の時間軸で評価する長期投資とESG投資は同義になる可能性があります。この論点も本書の終盤で触れます。

ESG黎明期

ESGの黎明（れいめい）期をもう少し見てみましょう。

国連がESGの考え方を発表したのは2006年の4月ですが、これに合わせて当時の事務総長だったアナン氏は、資本市場の心臓部であるニューヨーク証券取引所で取引開始のべルを鳴らす記念式典に臨みました。このことからも分かるように、ESGは当初からマーケットへの訴求を強く意識していました。

環境問題に危機感を抱いた国連は、早い段階から資本市場の関係者と戦略的に接近を試みていました。UNEP－FIの資産運用ワーキング・グループ（AMWG）が有力な資産運用会社を招き、金融や投資の文脈で環境などの諸問題の重要性を訴えるにはどうしたらよいのかを考えたのです。行き着いたのが、何文字かのアルファベットを組み合わせた造語のかたちで重要な問題を世に問うという戦略でした。

2004年6月、UNEP－FIのAMWGはPRIの原型とも言える報告書を発表しています。“The Materiality of Social, Environmental and Corporate Governance Issues to Equity Pricing”――「社会、環境および企業統治の諸問題が株価に与える影響」とでも訳せばよいのでしょうか。タイトルが示す通り、世界中の金融機関の研究にもとづき、「社会、環境および企業統治」の諸問題、すなわちESGが株価に少なからぬ影響を与えていることを実証的に訴える内容です。

報告書はドイツ銀行やドレスナー銀行、UBSなど主に欧州系金融機関の調査を検討していますが、米国系のゴールドマン・サックス、日本勢では日興シティグループや野村証券のリサーチも参考にされたようです。

当時の世界はどうだったかと振り返りますと、2001年9月11日の米同時テロの衝撃から先進国経済が立ち直り、BRICs（ブラジル・ロシア・インド・中国）に代表される新興国経済も離陸の時期を迎えていました。世界の株価はおおむね堅調であり、投資の世界では企業の社会的責任（SRI）に着目するファンドなどが出ていましたが、スキマ商品の域を出ることはありませんでした。

ESGという言葉や考え方が生まれたのは、そんな表向きは平和な時代でした。AMWGの報告書はあまり話題にもならず、その時点では環境・社会問題と市場を結びつけて考える動きは目立ちませんでした。

いちはやく注目したゴールドマン、モルガン

それでも生き馬の目を抜くグローバル金融市場で、動くべきプレーヤーは動いていたようです。

ゴールドマン・サックスは2007年から「GSサステイン」という調査活動を始めています。企業の売上高や利益をマクロの経済環境などから予想する従来型の視点に加え、ビジ

ネスが環境や社会の変化に対応できるか、ガバナンスはしっかりしているか、といった持続可能性（サステナビリティ）の面からも企業を調査する手法です。これは、今のＥＳＧ投資にほかなりません。

モルガン・スタンレーでチーフ・サステナビリティ・オフィサーを務めているオードリー・チョイ氏がワシントンでの研究活動などを経て、同社に加わったのも２００７年。彼女はモルガンが２０１３年に設立した社内組織、サステナブル投資研究所のトップも務めるなど、ウォール街におけるＥＳＧの論客として知られています。

同社が２０２０年5月に発表した「サステナブル・シグナル」という調査によれば、世界の主要な年金基金などの8割が、ＥＳＧ要素を考慮したサステナブル運用の手法を採用しているとのことでした。こうした結果は本節冒頭で紹介したＥＳＧ関連記事の急増と整合的であり、「ＥＳＧはいずれ普通のことになり、言葉としては消える」という筆者の仮説を裏付けるものでもあります。

日本の金融界には、ＥＳＧについて「きれい事にすぎず、一過性のブームに終わる」（証券会社）とか「肝心の米国勢は関心が薄い」（メガバンクの一角）などと軽く見る傾向が最近まであったような気がします。ゴールドマンやモルガンの事例は、そうした認識が誤りですらあることを証明しています。

過去4年にわたって米国の大統領だったドナルド・トランプ氏は、ＥＳＧの投資家から批判されることが多い石油業界との強いつながりを持っていました。二酸化炭素を多く排出する石油業界が窮地に陥りかねないＥＳＧ投資にも否定的だったとされます。

このためＥＳＧは主に欧州のもので、米国は無関係という誤ったイメージを持つ人もいるようです。私たちがＥＳＧに学ぶとき、欧州連合（ＥＵ）の動きや欧州経由の情報が圧倒的に多かったのも事実です。本書の視点はあくまで「投資」ですから、グローバル資本市場の総本山である米国の事例も積極的に紹介したいと考えています。

2　２０１５年、ＥＳＧビッグバン

２０１５年パリ協定合意

前節で述べたように、日本でようやくＥＳＧという言葉が使われ始めたのは、国連ＰＲＩの発表から9年後の２０１５年のことでした。この年の出来事としては、12月12日にパリで開いた第21回国連気候変動枠組み条約締約国会議（ＣＯＰ21）で地球温暖化対策の新たな仕組み、パリ協定が合意されたことが特筆されます。

これは1997年の京都議定書以来18年ぶりの枠組みで、産業革命前からの世界の気温上昇を2度未満にすることを目的とし、各国に1・5度に抑えるよう努力することを求めました。これ以降、日本の地名を冠した京都議定書は急速に忘れ去られてしまいますが、日本の市場関係者の間では環境問題を軸にESG投資が徐々に盛り上がっていきます。

パリ協定は、先進国や中国などの途上国を含む196カ国・地域が参加していました。目標を達成できなかった場合の対処があいまいなことなど、実効性には課題も残しました。

しかし、一部の先進国だけの参加にとどまった京都議定書と違い、国際社会が全員参加型の温暖化対策に動き出した意味は大きく、グローバル市場で勝負する欧米の金融機関の業務との親和性も高いものでした。5年ごとに各国の目標を見直す規定を盛り込んだのも前進でした。

目標未達なら罰則を科すといった規定には先進国、途上国ともに反発が強かったのですが、「ならばマネーの力で企業や政府を動かそう」という動機づけが働いたことが、ESG投資の盛り上がりに結びついたようです。

「環境が変える金融ビジネス」

UNEP－FI特別顧問、末吉竹二郎氏が2016年5月27日付の「日本経済新聞」朝刊「経済教室」に寄稿した「環境が変える金融ビジネス」は、今読み返しても先駆的な内容を多く含んでいます。

「石炭忌避の動きが世界で広がっている。ノルウェー国会は2015年5月、国民年金基金の運用先から石炭関連企業を外すと決議し、16年4月には14カ国の52社（うち日本の電力会社3社）が投資先リストから消えた。米カリフォルニア州のブラウン知事は15年10月、同州の政府機関の職員や教員のための退職年金基金（カルパースなど）に、石炭産業から投資を引き揚げるよう命じる法案に署名した」

「気候変動は様々なルートを通じて金融資産に損失を与える。気候変動が増幅する台風、洪水、干ばつなどの自然災害が経済や社会に多大な経済損失をもたらすことに加えて、温暖化規制の強化が対応の遅れた企業や産業の業績悪化を招くからだ。そこで国連環境計画・金融イニシアチブと英ケンブリッジ大学は15年9月、国際的に業務展開する大手銀行を監督・管理する規制『バーゼル3』の見直しを提言した。バーゼル3は気候変動を考慮していない」

「提言は監督当局に気候変動リスクを監督のあり方や検査手法に早期に取り込むよう要請す

るとともに、金融機関と企業には環境と社会に貢献する21世紀型ビジネスモデルの早期構築を呼びかけた。バーゼル3の根幹は、よりリスク度の高い金融資産にはより多くの自己資本を求める適正自己資本比率だ。今後、貸し出しポートフォリオの気候変動リスク度に応じて新たな自己資本の積み増しが必要となれば、銀行の融資行動は脱炭素化を目指し大きく変貌する」

投資家は「ダイベストメント」（投資撤退）と呼ばれる手法で企業に圧力をかけ、金融監督者は銀行の自己資本比率規制に環境の要素を組み込む「グリーン・バーゼル」で間接金融の流れを変える。末吉氏の論考はまさに今、金融の世界で起きつつある流れをこの時点で明確に予言しています。

2015年のパリ協定をきっかけに、環境問題が明確に金融の問題として扱われるようになったことがよく分かります。

気候関連財務情報開示タスクフォース（TCFD）

2015年にはまた、パリ協定とならんでESG投資の普及を決定づけるもう一つの流れも始まっています。

この年4月の20カ国財務大臣・中央銀行総裁会議（G20）のコミュニケでは、「金融安定理事会（ＦＳＢ）に対し、気候関連課題について金融セクターがどのように考慮していくべきか、官民の関係者を招集することを要請する」という一節が入りました。

ＦＳＢとはリーマン・ショック後に設立されたグローバル金融の監督機関で、各国の金融関連省庁や中央銀行で構成されています。ＦＳＢがG20の勧告にもとづいて設立したのが、気候関連財務情報開示タスクフォース（ＴＣＦＤ）です。

ＴＣＦＤは２０１７年6月に報告書を公表し、企業や金融機関に財務に影響を及ぼす気候関連の情報を開示するよう促しました。具体的には以下の項目について、気候変動に関するリスクと機会について投資家などに明らかにするよう求めています。

●ガバナンス：どんな体制で検討し、それを企業経営に反映しているか
●戦略：企業経営への影響をどのように考えたか
●リスク管理：どのように特定、評価し、低減しようとしているか
●指標と目標：どのような指標でリスクと機会を判断し、進捗を評価しているか

２０２０年10月現在、ＴＣＦＤに賛同している企業・金融機関の数は世界全体で１４８４。このうち日本は３１４と、英国（２２５）や米国（２２２）を上回り、単一の国

図 1-3　各国の TCFD 賛同機関数

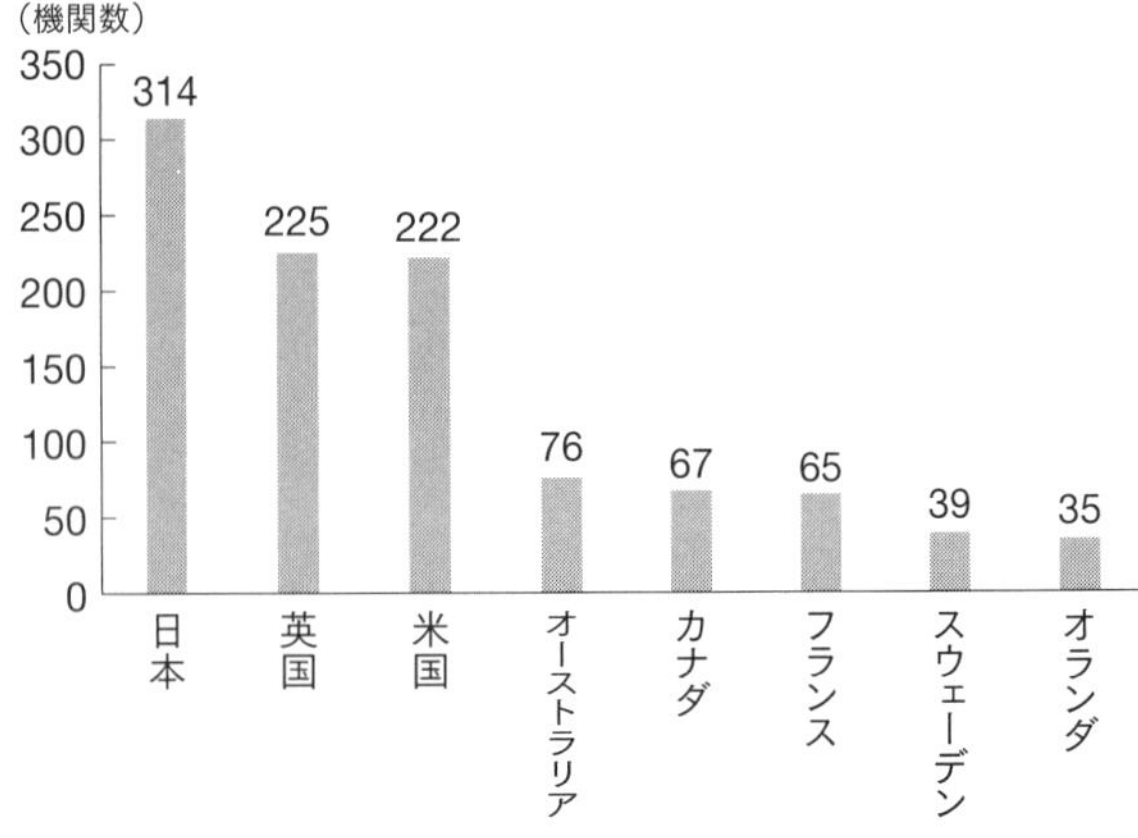

［注］ 2020 年 10 月 28 日時点
［出所］ TCFD 公式ホームページより TCFD コンソーシアム作成

としては世界最多です（図1−3）。日本のコーポレートガバナンス（企業統治）改革を主導する伊藤邦雄一橋大特任教授や中西宏明経団連会長が発起人となり、2019年5月にTCFDコンソーシアムが設立された前後から、賛同機関が急増し始めました。

ESGビッグバン
――GPIFがPRIに署名

パリ協定とTCFD。これだけでも世界の資本市場でESG投資を後押しするには十分ですが、日本の場合はさらにもう一つ、ESGビッグバンとも言うべき出来事が2015年にありました。

9月に世界最大の年金基金である年金積立金管理運用独立行政法人（GPIF）がPRIに署名し、本格的にESG投資を始めたことです。

具体的には、日本株を投資対象とする「MSCI日本株女性活躍指数」など3つのESG指数を採用し、同指数に連動したパッシブ運用を始めました。

2018年9月には、企業の炭素効率性に応じて組み入れ比率を調整する、日本株対象の「S&P／JPXカーボン・エフィシェント指数」と、世界株を対象にした「S&Pグローバル大中型株カーボン・エフィシェント指数（除く日本）」も採用しました。

GPIFのESG型運用を請け負った運用会社は、指数に採用されている企業に影響力を行使し、改革を促す義務を負います。GPIFは直接的に個別株を保有しないため、運用会社を通じて企業活動へ間接的に注文をつける形式を取ったのです。

この改革に合わせて、GPIFはESGの分析・運用能力といった視点を運用会社の評価基準に導入しました。また、運用会社が企業とのエンゲージメントにどれほど取り組んだかも厳しく見ることにしました。運用会社はGPIFの資金を運用するためにはESGに取り組むことが必須となり、GPIFが間接的に保有する日本企業も、環境や社会問題への取り組みを意識せざるを得なくなりました。

なぜＥＳＧ投資を取り入れたのか

ＧＰＩＦがＥＳＧ投資の手法を取り入れた理由は何でしょうか。ＧＰＩＦのホームページには次のような一節があります。

「ＧＲＩＦのように投資額が大きく、資本市場全体に幅広く分散して運用する投資家は『ユニバーサル・オーナー』と呼ばれます。また、ＧＰＩＦが運用する年金積立金は、将来の現役世代の負担が大きくなりすぎないように使われるものです。かつ『世代をまたぐ投資家』という特性を持つＧＰＩＦが、長期にわたって安定した収益を獲得するためには、投資先の個々の企業の価値が持続的に高まり、ひいては資本市場全体が持続的・安定的に成長することが重要です。そして、資本市場は長期で見ると環境問題や社会問題の影響から逃れられないので、こうした問題が資本市場に与える負の影響を減らすことが、投資リターンを持続的に追求するうえでは不可欠といえます。ＥＳＧの要素に配慮した投資は長期的にリスク調整後のリターンを改善する効果があると期待できることから、公的年金など投資額の大きい機関投資家のあいだでＥＳＧ投資に対する関心が高まっています」

このなかで「資本市場は長期で見ると環境問題や社会問題の影響から逃れられない」という指摘は、きわめて重要です。つまり、運用期間が世代をまたぐような「長期投資」は必然的に環境・社会問題を考慮するESG投資の要素を帯びる、ということです。長期投資が広がればESGは当たり前のこととなり、言葉そのものはなくなるかもしれないと筆者が考えるゆえんでもあります。

GPIFのホームページは「ESG投資」の考え方を分かりやすく解説しています。資産運用会社にESG投資を促すだけでなく、広く年金の受給者に知識を広げようという啓蒙的な使命感もあるのでしょう。URLは https://www.gpif.go.jp/investment/ESG/ です。一読をお勧めします。

3　資本主義見直しの機運のなかで

ESGは単に新しい投資のアイデアや手法を提供してくれるだけでなく、経済社会のあり方を再考するための視座を示してくれているように思います。

英国の欧州連合（EU）離脱や米国のトランプ大統領の登場は、グローバル社会に生じた大きな亀裂を象徴しています。それを修復するうえで、企業と資本市場のあり方もまた問われているのです。

パーパス宣言——ビジネス・ラウンドテーブルの声名

米主要企業の経営者団体ビジネス・ラウンドテーブルが2019年8月に"Statement on the Purpose of a Corporation"という声明を発表しました。これは、株主のための利益追求を至上と考える「シェアホルダー資本主義」の修正と解されています。

声明文は、「自由な市場システム」の重要性を確認し、自由主義社会における雇用の創出やイノベーションの促進、重要な財・サービスの供給といった面で、ビジネスが中核的な役割を果たすと述べています。そのうえで「顧客への価値の提供」「従業員への投資」「取引先への公正で倫理的な対応」「地域支援」「株主のための長期的な価値創造」の5点について、企業は努力するとしました。

日本人の感覚からすれば、ごくまっとうな経営理念の確認です。しかし、米企業にとってパーパス宣言はパラダイムシフトでした。

ラウンドテーブルは1997年に定めた「企業統治に関する声明」(Statement on Corporate Governance)のなかで、「企業の第一の目的は所有者(株主)に対する経済的な利益の創出にある(the principal objective of a business enterprises is to generate economic returns to its owners)」と定義していたからです。

この声明の後ろ盾となったのが、ノーベル賞経済学者ミルトン・フリードマンの1970年の論考「企業の社会的な責任は利益の増大である」。読んで字のごとし。フリードマンはここで「社会的責任というものがあるとすれば、それが帰属するものは個人であり、ビジネスそのものではない」と主張し、企業そのものの社会的責任は所有者である株主のための利益追求にあると結論づけました。

資本主義の再構築

今回の「パーパス」宣言に強い影響を与えた研究者の一人は、米ハーバード大学のレベッカ・ヘンダーソン教授です。彼女の受け持つ「資本主義の再構築（Reimagining Capitalism）」はハーバード・ビジネス・スクール（HBS）で最も人気ある授業の一つで、同じ名前を冠した著書『資本主義の再構築　公正で持続可能な世界をどう実現するか』が日経BP日本経済新聞出版から刊行されています。

ヘンダーソン教授は著書のなかで資本主義のゆがみを正すためには「金融の回路を見直す」（第5章）必要性があることを強調しています。企業に環境・人権問題に目を向けさせる包摂的な金融や資本市場のメカニズムこそが求められるとしています。その新しい金融の回路こそＥＳＧ投資であると示唆しています。どういうロジックでしょうか。

「世界の大企業の85％が社会的な意義を掲げていると主張し、多くの企業が社会的価値を生み出すために自分たちにできることを模索し始めてはいるが、こうしたアプローチは、まだまだ一般的とはいえない。どうしたことだろうか」

「私の知り合いの企業リーダーたちは、この疑問に簡単に答えてくれる。企業が社会問題や環境問題の環境に貢献したくても、目先の利益確保を求められ、身動きがとれないのだ」

つまり、世界の企業経営者を目先の利益確保から解放し、社会的価値を生み出すためのビジネスを可能にする金融の新しい回路こそがＥＳＧ投資である、という考えです。

インパクト加重会計

ＨＢＳでヘンダーソン教授とともに「資本主義の再構築」の講座を担当しているジョージ・セラフェイム教授も、米投資情報誌「バロンズ」が「ＥＳＧ投資で最も影響力を持つ人物の一人」に挙げる論客として知られます。

セラフェイム教授は、企業の社会的な影響を損益に反映させる「インパクト加重会計」(Impact-Weighted Accounts：ＩＷＡ) の研究で知られます。企業が排出する温暖化ガスなどがどの程度、環境に負荷をかけているか独自に計算し、コストとして差し引いて利益の変化を見るものです。いわゆる、ESG会計です。

セラフェイム教授が世界1800社を調査したところ、2018年にEBITDA（利払い・税引き・償却前利益）が黒字だった1694社のうち543社は、環境コストを差し引くと利益が25％以上減ってしまったといいます。

「環境への影響を外部化して利益を出している企業が多いことを示しており、見えない費用を内部化すると企業の違う姿が現れる」というセラフェイム教授の指摘は、ESG投資家の視線に重なります。

グレート・リセット

世界経済の思潮に影響を与える世界経済フォーラム（WEF）の2020年の年次総会（ダボス会議）のテーマは、「ステークホルダーがつくる、持続可能で結束した社会」でした。そして、2021年5月に開催予定の総会テーマは「グレート・リセット」です。「おおいなる仕切り直し」とでも訳すことができるでしょうか。

WEFのクラウス・シュワブ会長とフランスのオンラインメディアを主宰する思想家、ティエリ・マルレ氏は共著『グレート・リセット　ダボス会議で語られるアフターコロナの世界』（日経ナショナルジオグラフィック）のなかで、「持続可能な価値を創造するには、ステークホルダー資本主義と環境・社会・ガバナンス（ＥＳＧ）に配慮することがますます重要になった」と主張しています。

新型コロナ禍が世界経済に与えた大きな打撃は、私たちが立ち止まり、所与のものだと思っていた資本主義経済を見直す時間を与えることにもなりました。アフターコロナの資本主義の「おおいなる仕切り直し」のツールとしてのＥＳＧ投資が今後も広がっていくことは、ほぼ確実なことのように思えます。

シュワブ会長とマルレ氏は、アフターコロナのＥＳＧ投資について３つの潮流を予言しています。要約して紹介しましょう。

(1)新型コロナ危機はＥＳＧ戦略の緊急性を高め、強める。なかでも重要なのは気候変動への対処だが、それ以外にもサプライチェーン（供給網）の責任などは投資行動で最初に評価される項目となり、デューデリジェンスに欠かせない要素となる

(2)ＥＳＧは企業の中核戦略としてガバナンスに完全に統合された形で取り込まれていくだろう。投資家が企業のガバナンスを評価する方法も変わる。税務記録や配当金支払い、

役員の報酬がますます厳しく精査されることになる

(3)従業員と地域社会の親善を育むことが、ブランドの評判を高める鍵となる。従業員を大切にしていると示すことがますます必要になる。企業が純粋に「善良」だからそうするのではなく、活動家（物言う投資家と社会活動家）の怒りを招いて、代償があまりに高くなりかねないからだ

つまり、ESG投資は企業に「善良であれ」と命じているのではなく、「善良でなければ競争力が落ちる」と諭しているのです。後述する通り、二酸化炭素排出量やプラスチックゴミの廃棄状況、発展途上国まで含めたグローバルサプライチェーンの労働環境など、これまで見えにくかった企業活動の断面に光が当たるようになりました。

環境・人権問題を扱う市民団体や非政府組織（NGO）がドローンを使って世界各地の企業活動をモニターし、ズームなどのオンラインツールでグローバルに情報を共有する。そんな光景も珍しくなくなりました。

さらにNGOは、新型コロナ禍で家に閉じこもりがちな人々に対して、オンラインのセミナーなどを通じて自らの調査結果を積極的に発信するようになりました。

アフターコロナの資本主義見直しの機運とテクノロジーの発達は、ＥＳＧ投資の奔流をますます太いものにしていくでしょう。

4　ＳＲＩを覚えていますか？

ＥＳＧの起源は１９８０年代のＳＲＩ

ＥＳＧ投資が始まったきっかけは２００６年の国連の責任投資原則（ＳＲＩ）だと述べましたが、源流となる考え方はもっと昔にさかのぼります。先に紹介したレベッカ・ヘンダーソン教授の『資本主義の再構築』によると、ＥＳＧ投資の基本コンセプトが生まれたのは１９８０年代のようです。

１９８４年にインドのボパールという地域で死者1万５０００人以上、負傷者10万〜20万人以上にのぼる有毒ガス漏れ事故が発生しました。世界の化学産業の歴史において最悪とされる「ボパール事故」です。また１９９０年には、アラスカ湾でエクソンが原油漏れ事故を起こしました。

人命や環境の面から見た大惨事が相次いだことにより、非政府組織（ＮＧＯ）が企業側に情報開示を求めるようになり、いくつかの企業が自社の社会的責任に関する報告書を発行し始めました。

これを受け、投資家も株式や債券の売買を判断する際、企業の社会的な責任について考慮するようになりました。今で言うESG投資ですが、当時は社会的責任投資（Social Responsible Investment：SRI）と呼ばれていました。

SRIとESGは別ものと考える人が多いことは承知しています。しかし、筆者は、ESGの基本的な思想はSRIに通底していると考えています。

次の新聞記事を読んでみてください。

＊＊＊＊＊＊＊＊＊＊＊＊＊＊＊＊＊＊＊＊＊＊＊＊＊＊＊

「敗者を出さない資本主義」を掲げる欧州の中小国オランダ。企業や投資家だけでなく、政府と非政府組織（NGO）も加わり〇〇〇の定着に知恵を絞り、理論と実践で世界の最先端を走る国の一つになった。

世界最大級の規模を誇るオランダ公務員年金（ABP）は今年初め、環境保護に熱心な企業に重点投資する〇〇〇投資信託を立ち上げた。1億5000万ユーロと全運用資産のごく一部を回した実験的な運用だが、成果が上がれば全資産に○○○の手法を広げる。

ABPの○○○投信運用に携わるレネ・マートマン主席評議員は「○○○は特殊なものという見方を変えたい」と語る。ほかの運用会社の○○○は株主の立場を利用して、企業に慈善事業などを迫る「世直し運動」的な性格の投信も少なくない。○○○が全般に運用の世界で異端視されがちなのも、こうした特殊性が影響している。

ABPの○○○投信は特殊性を払しょくするため、運用のベンチマークにダウ・ジョーンズ社などが特別に開発した○○○指数ではなく、一般の投信の運用成績を測るモルガン・スタンレー・キャピタル・インターナショナル（MSCI）グローバル株価指数を採用している。

（中略）

オランダはビジネス界とNGOの人的な交流が活発なため、「企業が自らを律するうえで環境派NGOの声を積極利用する傾向が目立つ」（政府系シンクタンクWRRのピーター・ウィンゼミウス評議員）ともいう。

そもそも企業が環境問題に力を入れるようになったのは、「地球環境と共存できないビジネスは長続きしない」（オランダ産業経営者連盟）という考え方からだ。コーポレートガバナンスの目的の一つも利益を長期・安定的に拡大していくこと。環境問題とコーポレートガバナンスは「持続可能性」（サステナビリティ）という共通項を持っている。

エンロン事件など米企業不祥事の後に世界的に○○○が注目されたのも、サステナビリティの重要性が認識され始めたからだ。「われわれの投信をサステナビリティ・ファンドと呼んでほしい」。ABPのマートマン氏はこう訴える。

＊＊＊＊＊＊＊＊＊＊＊＊＊＊＊＊＊＊＊＊＊＊＊＊

文中の○○○に当てはまるアルファベット3文字は？　おそらくすべての方がESGと答えるのではないでしょうか。正解はSRIです。

これは筆者が2003年6月24日付「日経金融新聞」に書いた記事です。当時は欧州各国でSRIが急速に広がり、オランダはその中心地の一つでした。日本でも「SRI投信」が個人投資家の人気を博しました。

ESGとSRIの違い

しかし残念ながらSRIは一時のブームに終わり、回顧記事を除けばメディアで取り上げられる機会は格段に減ってしまいました。第1章の冒頭で、日経テレコンによる「ＥＳＧ」の言葉を含む記事の毎年の検索結果を紹介しました。今度は同じことを「ＳＲＩ」でやってみましょう。

２０００年代半ばの日経朝刊には毎年50本前後の記事が掲載されていましたが、20年1～11月ではわずか5本と急減しています。

現在、ベテラン投資家の間でＥＳＧ投資の先行きに懐疑的な見方が根強く残っている理由も、ここにあります。投資の経験が長い人ほど、相場の歴史で浮かんでは消えていった流行やブームを知っています。そうした方々はかつて証券会社の営業マンが熱心に売り込んでいたＳＲＩと、現在のＥＳＧを重ね合わせているのでしょう。

日本の証券関係者は米欧の諸制度を手本として改革を進め、海外で流行している商品やサービスを目ざとく見つけて取り入れてきました。ＥＳＧにもそういった側面は間違いなくあります。

しかし、筆者はＥＳＧがＳＲＩと違って長い期間にわたって市場で存在感を保つと考えています。

まず、ＳＲＩとは広がりの幅と深さが違います。ＥＳＧは議論の過程では欧米の金融機関の意見が反映されているとはいえ、あくまで国連という公的な機関の主導で誕生した概念です。証券会社が自社の商品を売りやすくするためにひねり出した考えではありません。投資の世界だけでなく企業経営にも影響を与えています。「SRI経営」という言葉はありませんでしたが、「ESG経営」は耳にすることが増えました。

また、海外、特に欧州の投資家や経営者は、ESGとSRIを別のこととは考えていません。もともと環境や人権に敏感な欧州は、社会的な存在としての企業にもそうした側面を求める意識が強かったのです。

ESGかSRIかというのは呼び方の違いであって、背景の哲学は同じ。環境問題の深刻さが増した今、SRIが進化したものがESGだという見方もできるでしょう。トランプ大統領の登場が象徴する社会分断に悩む米国でも、企業の社会的な側面に目が向けられるようになりました。

5　SDGsは目標、ESGは手段

SDGsとの違い

ESGとともによく語られる言葉に「SDGs」（持続可能な開発目標）があります。第1章第1節でESGを取り上げる新聞記事はここ数年で急増していると述べましたが、SDGsも同じ傾向にあります。

「日本経済新聞」朝刊を対象に検索すると、2015年には3本しかなかったものが、12本（16年）、44本（17年）、82本（18年）、188本（19年）と増え、20年は11月下旬までで247本でした。

テレビなど他のメディアも含めれば、登場する頻度はESGより多いかもしれません。

SDGsはSustainable Development Goalsの略です。ESGの意図するものはサステナビリティ（持続可能性）、SDGにもサステナブル（持続可能）という言葉が入っています。いったいどこが、どう違うのだろう。そんな疑問を抱いている方も少なくないでしょう。

第1章のしめくくりとして、SDGsとESGの違いや関係性について整理しましょう。

表1-2　SDGsの目標

目標1	あらゆる場所のあらゆる形態の貧困を終わらせる
目標2	飢餓を終わらせ、食料安全保障及び栄養改善を実現し、持続可能な農業を促進する
目標3	あらゆる年齢のすべての人々の健康的な生活を確保し、福祉を促進する
目標4	すべての人々への、包摂的かつ公正な質の高い教育を提供し、生涯学習の機会を促進する
目標5	ジェンダー平等を達成し、すべての女性及び女児の能力強化を行う
目標6	すべての人々の水と衛生の利用可能性と持続可能な管理を確保する
目標7	すべての人々の、安価かつ信頼できる持続可能な近代的エネルギーへのアクセスを確保する
目標8	包摂的かつ持続可能な経済成長及びすべての人々の完全かつ生産的な雇用と働きがいのある人間らしい雇用（ディーセント・ワーク）を促進する
目標9	強靱（レジリエント）なインフラ構築、包摂的かつ持続可能な産業化の促進及びイノベーションの推進を図る
目標10	各国内及び各国間の不平等を是正する
目標11	包摂的で安全かつ強靱（レジリエント）で持続可能な都市及び人間居住を実現する
目標12	持続可能な生産消費形態を確保する
目標13	気候変動及びその影響を軽減するための緊急対策を講じる
目標14	持続可能な開発のための海洋・海洋資源を保全し、持続可能な形で利用する
目標15	陸域生態系の保護、回復、持続可能な利用の促進、持続可能な森林の経営、砂漠化への対処、ならびに土地の劣化の阻止・回復及び生物多様性の損失を阻止する
目標16	持続可能な開発のための平和で包摂的な社会を促進し、すべての人々に司法へのアクセスを提供し、あらゆるレベルにおいて効果的で説明責任のある包摂的な制度を構築する
目標17	持続可能な開発のための実施手段を強化し、グローバル・パートナーシップを活性化する

［出所］　外務省

SDGsは、2015年9月の国連サミットで採択された「持続可能な開発のための2030アジェンダ」に記載された、16年〜2030年の国際目標です。「誰一人として取り残さない」ことを理想に掲げ、その実現に向けた17のゴールと169のターゲットから構成されています。ここでは17のゴールだけを頭の整理として掲げておきます（表1-2）。17の目標には赤や緑、黄、紺などの色が割り振られています。17色を円上に等分に配した丸いバッジを、ご覧になった方も多いでしょう。政策提言などの場で、それがSDGsの目標の何番に沿ったものであるかが明示されることもあります。

MDGsとの違い

SDGsで繰り返し述べられる経済成長の持続可能性について、世界的に問題意識が共有され始めたのは、米国の環境学者デニス・メドウズ氏らが『成長の限界』を著した1972年にさかのぼります。システム・ダイナミクスの手法を駆使した研究成果は、人類が地球の有限な資源を使い続けると環境汚染が深刻になり、100年以内に成長は限界を迎えるという未来を予想しました。

『成長の限界』が提起した問題意識は世界の至るところで議論されるようになり、1984

年に国連のなかに設置された「環境と開発に関する世界委員会」（通称、ブルントラント委員会）が報告書で「持続可能な開発」という概念を提唱しました。これが、今のＳＤＧｓの出発点と考えることができます。

２０００年に開催された国連のミレニアム・サミットでは、ＭＤＧｓ（Millennium Development Goals：ミレニアム開発目標）が採択されました。２０１５年までに達成すべき8つのゴールと21のターゲットで構成されています。「極度の貧困と飢餓の撲滅」や「普遍的初等教育の達成」など、内容としてはＳＤＧｓに重なるものがほとんどです。

そして、２０１５年にＭＤＧｓが終了すると、持続可能性の考え方をベースにさらに広範で具体的なＳＤＧｓが国連で採択されました。

ＭＤＧｓとＳＤＧｓの違いを考えますと、ＭＤＧｓは発展途上国や新興国の課題が多く、その実現ももっぱら政府や非政府組織（ＮＧＯ）の努力や協力に負うところが小さくありませんでした。このため、先進国の一般の生活者が当事者意識を持ちにくいという側面もありました。

このため、ＳＤＧｓでは先進国の課題も網羅し、民間企業の取り組みを求めることとしたのです。日本でも経団連などの経済団体が進んで17色のＳＤＧｓバッジを広めたのも、問題解決の主体として企業やビジネスの力が重視されていたからです。

２０１７年の世界経済フォーラム（ダボス会議）で、「ＳＤＧｓが達成されることにより少なくとも12兆ドルの経済価値がもたらされる」との試算が披露されました。地球環境に良い行為は成長の制約要因ではなく、むしろ経済的な恩恵を伴うというメッセージです。

第１章第１節で、ＥＳＧの直接の始まりは国連が２００６年に制定した責任投資原則（ＰＲＩ）にあると述べました。その準備として２００４年に国連環境計画・金融イニシアチブ（ＵＮＥＰ－ＦＩ）が世界の資産運用会社を集め、「社会、環境及び企業統治の諸問題が株価に与える影響」という報告書を出しています。

こう振り返りますと、ＭＤＧｓやＳＤＧｓとＥＳＧはほぼ同時並行で準備が進んだことがよく分かります。２つの関係を「車の両輪」や「コインの表裏」にたとえることもできるでしょう。

ＳＤＧｓの主体は企業です。企業を目標の達成へと駆り立てる力が必要になります。企業を動かす大きな力は株主の声でありマネーの奔流にほかなりません。すなわち、ＥＳＧ投資が企業をＳＤＧｓに向けて走らせるエンジンになります。

一言でいえば「ＳＤＧｓは目標、ＥＳＧは手段」なのです。

第2章

投資家が変わる

【第2章はやわかり】

第2章では、ESGが資産運用の世界でいかに影響力を持ち、投資家の行動を変えつつあるかを概観します。

ESG投資の主眼は、環境・社会リスクを調整した後のリターンの長期的な向上にあります。リターンを犠牲にして企業に善行を求めているわけでは、まったくありません。

国内外の多くの有力な投資家が、ESG投資とリターンには正の相関関係があることを報告しています。

例えば、GPIFの「ESG活動報告」では、ESG関連の5つの株価指数の過去3年のパフォーマンスはいずれも市場平均を上回っていました。今後はさらに長期のデータにもとづく検証が進み、因果関係が証明されることが期待されます。

最近では、すべての運用にESGの視点を盛り込むESGインテグレーションという考え方も広がっています。「日本生命保険が2021年から全運用資産でESGを考慮した運用に乗り出す」という報道をご記憶の方もいらっしゃるでしょう。インテグレーションがさらに広がれば、ＥＳＧは長期投資としては普通のことになります。ことさらＥＳＧと強調する必要もなくなるかもしれません。

ＥＳＧが普通のこととして市場に広がれば、多様な市場参加者が投資手法としてのＥＳＧを使うようになるでしょう。

例えば、株主の立場から企業経営に注文をつけるアクティビスト（物言う株主）がＥＳＧに注目しています。通常、アクティビストは企業に業績の向上や利益還元、不採算部門の売却などを求めます。ＥＳＧアクティビストは、企業に環境・社会問題への対応も要求します。世界的には、石油会社や金融機関にＥＳＧアクティビストが株主提案をする例が珍しくなくなりました。

日本でも２０２０年のみずほフィナンシャルグループの株主総会で環境団体が提案を出し、30％を超える支持を得ました。日本のメガバンクに対するＥＳＧアクティビストの要求は、２０２１年はさらに増える可能性があります。株主の対話もより多様なものにならざるをえません。

長期運用のためのＥＳＧですが、必要に応じて短期の投機的な売買をしかけるヘッジファンドも投資手法に取り入れ始めました。企業の環境・社会問題への取り組みが、株価に影響を与えるようになっているからです。実際、二酸化炭素の排出抑制が不十分と思われる企業や、サプライチェーンの労働環境が劣悪と考えられる企業の株式を空売りするファンドが現れています。

ESG投資の普及を後押しするPRIも、年金などのアセットオーナーがESG型ヘッジファンドに運用を委託する際の指針を策定しています。

ESGの世界には、ダイベストメント（投資撤退）という手法もあります。ヘッジファンドなどの空売りが一定期間後に株式を買い戻すのとは異なり、ダイベストメントは完全に売り切ることにより関係を絶ってしまいます。

投資家がダイベストメントの対象を決める際、環境団体などが独自調査にもとづいて作成するリストや格付けが影響を与えることも多いようです。

企業は、市場とのコミュニケーション力を磨く必要があります。

1　リターンを諦めない

ビジネスの持続可能性を検証するチェックポイント

環境や社会問題を解決するのは結構なことだが、投資を通じてそんなことが可能なのだろうか。問題解決は政府の仕事であって、投資家に責任を押しつけるのはお門違いだ。そもそも、リターンを犠牲にすべきではない……。

ＥＳＧ投資に対してはこんな慎重な意見が今も聞かれます。疑問はごもっともですが、もう少し考え方を整理してみましょう。

第1章でも少し触れましたが、企業経営においてＥＳＧの要素を考慮すべき理由は、そうしなければ競争力が落ちるからです。つまり、ＥＳＧはビジネス上の戦略であって、慈善ではありません。

投資の観点でも同じことが言えます。投資家が株式や債券の売買判断をする際、ＥＳＧの側面を吟味すべき理由は、長い目で見て投資のリターンが安定するからです。

環境問題を無視したままの企業は、短期的にはもうかっても、長期では気候温暖化の影響でビジネスが損害を被ってしまう可能性があります。違法な低賃金で労働者を使っている企業も、いずれは摘発されて存続が危ぶまれるかもしれません。

このように、ＥＳＧはビジネスの持続可能性を検証するチェックポイントとも言えます。長期投資に不可欠なプロセスです。

政府がＥＳＧ投資を推進する理由も、問題解決の責任を投資家に負わせようとしているのではなく、年金運用などの観点で環境や社会への考慮が欠かせないからです。クリーンエネルギーの開発や差別の撤廃といった問題を解決するために、政府が政策対応をしなければならないのは当然です。

また、ＥＳＧ投資は、リターンを犠牲にして社会を良くしようという、世直し運動のコンセプトではまったくありません。ＥＳＧの前身とも言える社会的責任投資（ＳＲＩ）では、この考え方がまだ整理されていませんでした。ＳＲＩが通常の運用に比べて優れているのか、あるいは劣っているのかといった点の検証は、必ずしも十分ではありませんでした。

近年は様々な研究が公表されるようになっており、「どうやらＥＳＧ投資はリターンを犠牲にしているわけではなさそうだ」というコンセンサスが形成されつつあるように思えます。

ＧＰＩＦの「ＥＳＧ活動報告」

日本におけるＥＳＧの旗振り役である年金積立金管理運用独立行政法人（ＧＰＩＦ）は毎年、「ＥＳＧ活動報告」というリポートを発表しています。自分たちのＥＳＧ投資の成績や内容を、年金運用の委託者である国民に説明するのが目的です。

細かな数字の話の前に、この報告書には注目すべき点があります。

まず表紙です。最新の２０１９年版のタイトルは「For All Generation」。現在の年金受給者だけでなく、働き盛りでコツコツと保険料を支払っている中堅層、そして未来の年金受給者である若者など「すべての世代のために」、ＧＰＩＦは年金を運用しているというわけです。超長期投資家宣言とも読めます。

少しページをめくると、こんな説明もあります。

「ＧＰＩＦは現世代のみならず、次世代の被保険者の皆様にも必要な積立金を残すため、受託者責任を果たして参ります。長期的な利益確保のためには、投資先のガバナンスの改善に加え、環境・社会問題など負の外部性を最小化すること、つまりＥＳＧ（環境・社会・ガバナンス）の考慮が重要であると、ＧＰＩＦは考えています」

報告書のタイトルと合わせて読むと、世代を超えた超長期投資家が利益を上げるための有効な手段がＥＳＧである、という意味になります。
それでは、肝心の数字を検討してみましょう。

5つの株価指数で点検

ＧＰＩＦはＥＳＧに関連する5つの株価指数を採用しています。すなわち①ＭＳＣＩ ジャパンＥＳＧセレクト・リーダーズ指数、②ＭＳＣＩ 日本株女性活躍指数、③ＦＴＳＥ Blossom Japan Index ④Ｓ＆Ｐ／ＪＰＸ カーボン・エフィシェント指数、⑤Ｓ＆Ｐ グローバル・カーボン・エフィシェント大中型株指数（除く日本）――です。

これらの5指数について、２０１７年4月から20年3月までの3年間の年率換算後収益率が市場平均（東証株価指数や、日本を除くＭＳＣＩ全世界指数）を上回った超過収益率を、点検してみます。

そうしますと、①２・３８％、②２・１３％、③０・２９％、④０・２４％、⑤０・３６％――となります。いずれのＥＳＧ関連指数も市場平均を上回るパフォーマンスを示しました。少なくとも２０１７年から3年間に限れば、環境・社会問題に配慮した経営をしている企業に投資すれば、市場平均を上回る投資成果を収めることができたというわけです。

ＥＳＧはリターンを犠牲にした世直し運動ではない、ということの証明です。

様々な検証から得られる仮説

他の検証結果も見てみましょう。

世界的な投資信託の運用会社、フィデリティ・インターナショナルは２０２０年1月から9月までを対象に、自社が独自に企業につけているＥＳＧ格付けと株価パフォーマンスの関係を調べています。格付けの上位2グループ（Ａ＆Ｂ）と、下位2グループ（Ｄ＆Ｅ）の月間の株価推移を比べると、8月を除く8つの月でＡ＆ＢグループがＤ＆Ｅグループを上回ったという結果になりました。

２０２０年の株式市場は、前半は新型コロナ禍の世界的な広がりで株価が下がり、後半はワクチン開発の期待や米大統領選の結果判明を受け急回復するという展開でした。上にも下にも大きく振れたわけですが、どちらの局面でもＥＳＧ投資は通常投資を上回る成績をコンスタントに上げられたということになります。

ニッセイアセットマネジメントは「スチュワードシップリポート２０２０」のなかで、ＥＳＧの要因別に株価の推移を検証しています。同社は自社でＥ（環境）、Ｓ（社会）、Ｇ

（ガバナンス）に分けて独自の企業格付けをしていますが、Ｓの項目で評価が高い企業の株価は低い企業の株価を大幅に上回る収益率を示しています。

３段階評価の最高位（Ｓ－１）グループの企業と最下位（Ｓ－３）グループを比べると、２００８年12月から19年12月のＳ－１の累積超過リターンが１００％を超えているのに対し、Ｓ－３はマイナス75％超という結果です。

ニッセイアセットマネジメントのＳ評価は、主に企業とステークホルダー（従業員等）との関係が良好か否かを重視するそうです。

そうしますと、いくつかの仮説も成り立つでしょう。

○従業員が職場環境や待遇に満足している企業は生産性も高いと考えられる
○従業員満足度が高い企業は離職率が低く、生産・販売ノウハウが蓄積されやすい
○社会との関係が良好な企業は求職者の人気も高いので、優秀な人材を採用しやすい
○社会的評価が高い企業の製品はブランド力が高く、価格競争力がある

つまり、ＥＳＧ評価の高い企業は、人材、生産性、ブランド力といった目に見えない要素が競争力の高さにつながっている。だから、株価の点でも平均以上の評価を市場から得ることができる、という理屈になります。

日本銀行も証明

日本銀行は2020年7月に「ESG投資を巡るわが国の機関投資家の動向について」というリサーチ・ペーパーを公表しています。どうして中央銀行がESG？と疑問に思われる方もいらっしゃるかもしれません。その背景や理由は後述しますが、簡単に言うと、ESGの諸問題が投資だけでなく金融機関経営の健全性や、金融システムの安定性と密接に絡むようになっているからです。

それはさておき、ここでは日銀のリサーチ・ペーパーで指摘されている「ESGと企業業績」の関係について簡単に見ることにします。

日銀の報告は「ESG投資と金銭的リターンの関係性については、学会・実務家双方ともにいまだにコンセンサスは得られていない」としながらも、「先行研究に基づくと、『ESG投資と企業業績』の関係性については、比較的肯定的な効果を示唆する分析結果が多い」と述べています。

具体的には、1970年以降に発表されたESG要素と企業業績に関する2000本以上の研究を調べたところ、ESG要素が業績に「ポジティブ」な影響を与えるとする研究が全体の48％、「中立」とする内容が23％、「ネガティブ」が11％、ポジティブ・ネガティブの

「混合」が18%だったといいます。

また、日銀が紹介した別の研究では、米国企業の時価総額に対する無形資産の与える影響（説明力）は、1975年の17%から2015年には84%に上昇しているそうです。

無形資産とは、ノウハウや人材、ブランド力など既存の損益計算書や貸借対照表では把握しにくい、見えない資産です。先に述べたように、ESGは見えない資産を増やす要素となります。したがって、企業のESGに対する取り組みは無形資産の増大を通じて、時価総額を増やす方向にはたらく、という考え方も成り立ちます。

ESG投資に合理性

これまで説明してきたことから、次のようなことは言えると思います。

○ESG要素と企業業績・株価には正の相関関係がありそうだ

○したがって年金基金などがESG投資を実践することにも一定の合理性はある

正の相関関係は短期から中期のデータにもとづいて説明されていますが、長期の検証は依然として不足しています。ESG投資の歴史は浅いので、致し方ない面があります。

また、正の相関関係は必ずしも因果関係を証明するものではありません。環境・社会問題に積極的に取り組んでいるが故に業績・株価が好調なのか。あるいは、業績・株価が好調であるが故に、環境・社会問題に取り組む余裕があるのか。前者と後者では因果がまったく逆です。

日本の投資文化にＥＳＧが根付くには、長期データにもとづいた、因果関係にまで踏み込んだ検証が必要になってきます。

2　100％ＥＳＧ

ＥＳＧ投資の規模

すでに述べたように、本書の狙いは、ＥＳＧ投資に関する基礎的な事柄を整理し、今後を展望することです。ＥＳＧ投資という言葉も何度も使ってきました。今後も繰り返し使います。

では、「ＥＳＧ投資」とは何でしょうか？「環境・社会・企業統治」といった簡略化された説明が付されることがあります。「環境・社会問題に配慮した投資」などとも言われます。しかし、これだけでは分かったような、分からないようなモヤモヤした気分の方も多いのではないでしょうか？

そこで、この節ではESG投資の種類を概観してみましょう。さらに、近年の主流であるESGインテグレーション（統合）について説明します。

全世界のESG投資の規模や種類を調査しているGSIAという組織があります。Global Sustainable Investment Alliance の略で、日本では「世界持続可能投資連合」と訳されることもあります。全世界のESG投資を促進する7つの投資家団体が協力して運営している組織です。7団体とは、米国のUSSIF、欧州のEurosif、英国のUKSIF、オランダのVBDO、カナダのRIA Canada、オーストラリアのRIAA、日本のJSIFです。

GSIAは、定期的に世界のESG投資に関するリポートを公表しています。「全世界のESG投資の残高は30兆ドルを超えている」などと書かれることもありますが、その数字はこのGSIAのリポートによっています。

第1章ではESG投資の規模の目安として「国連の責任投資原則（PRI）に署名している年金基金や資産運用会社の持つ資産は合計100兆ドル」と紹介しました。30兆ドルと100兆ドルでは随分違う、といぶかしく思う方も多いでしょう。

こうした定義やデータの曖昧さは、ESGに対する懐疑的な見方の背景の一つになっています。第1節でデータが重要と述べましたが、市場規模の推定でも同じことが言えます。それは今後の改善に期待して、ここではとりあえず目をつぶります。筆者は、GSIAの統計が最も狭義かつ厳密で、PRIの資産総額はESG投資規模の最大値を示していると認識しています。

ESG投資の種類

GSIAの2018年リポートには、ESG投資の主な種類が列挙されています。以下、紹介します。

①ネガティブ・スクリーニング…一部のセクターや企業、あるいはESG基準にもとづいて問題ある企業を投資対象から除外する。武器製造やギャンブル、たばこなどの業種が該当する。宗教上の理由で投資できない企業の株式をあらかじめ除外することも含まれる

②ポジティブ・スクリーニング…同業者のなかでESG評価の高い企業を投資対象に組

み入れる。A社とB社は業績・企業財務などの面でまったく同じ評価だが、A社は二酸化炭素の排出抑制に熱心で、B社は無頓着。こうした場合はA社に投資する、という考え方

③規範にもとづくスクリーニング…国連や国際認証団体のつくるESG基準を満たしていない企業を投資対象から外す

④ESGインテグレーション…財務的な分析だけでなく、ESG分析も投資の意思決定の様々なプロセスに反映させ、統合的に考える

⑤サステナビリティ・テーマ投資…気候変動や生物多様性、クリーンエネルギーなど持続可能性に関する特定のテーマに沿って投資する

⑥インパクト投資…環境・社会問題の解決に向けた投資。クリーンエネルギーのインフラ投資なども含む

⑦議決権・エンゲージメント…議決権行使や投資先企業への働きかけを通じて、環境・社会問題への取り組みを促す

このなかで最も金額的に大きいのは、①のネガティブ・スクリーニングで20兆ドル弱の規

模があります。次に大きいのが、④のESGインテグレーションで約18兆ドルです。欧州で最も多い手法はネガティブ・スクリーニングで、米国やカナダ、オーストラリアではESGインテグレーションが最大という特徴もあります。

２０１６年から18年にかけての資産の増加率を見ますと、ネガティブ・スクリーニングは年率31%、ESGインテグレーションは69%です。現状の規模は拮抗しているので、早晩、インテグレーション戦略がESG投資の範疇では最大になると見られます。

インテグレーション戦略が主流に

インテグレーション戦略が主流になる兆候は、随所に見られます。

２０２０年の秋、日本を代表する機関投資家のESG投資に関する動きが表面化しました。

同年の9月29日付「日本経済新聞」朝刊1面にこんな記事が掲載されています。

＊＊＊＊＊＊＊＊＊＊＊＊＊＊＊＊＊＊＊＊＊＊＊＊＊＊＊＊＊＊＊＊＊＊＊＊

第一生命保険は２０２０年度内に外国株式での運用を環境と社会貢献、企業統治（ガバナンス）を重視するＥＳＧ投資に全面的に切り替える。約４０００億円の運用の基準にＥＳＧに着目した株式指数を採用し、指数の採用銘柄に投資する。ＥＳＧに取り組む企業への資金流入が一段と加速する。

第一生命は約36兆円の運用資産を持つ有数の機関投資家。外国株でＥＳＧを全面的に採用するのは国内の大手金融機関で初めてで、米ＭＳＣＩの指数を基準に投資する。

（中略）

年金積立金管理運用独立行政法人（ＧＰＩＦ）もＥＳＧ指数に連動する投資割合を高めている。第一生命は全運用資産にＥＳＧを組み込む検討を進め、国内投資先に対応を求める対話も重ねる。

＊＊＊＊＊＊＊＊＊＊＊＊＊＊＊＊＊＊＊＊

次は10月27日付「日本経済新聞」の7面です。

＊＊＊＊＊＊＊＊＊＊＊＊＊＊＊＊＊＊＊＊

日本生命保険は２０２１年から、全運用資産で環境や社会、企業統治を重視したＥＳＧの観点を考慮した運用に乗り出す。従来対応していなかった国債と国内の融資などに対し、ＥＳＧの観点を踏まえて審査する。同様の方針を公表済みの第一生命保険に追随する。

（中略）

日本生命は株式や社債、海外融資についてはＥＳＧを考慮した運用をすると表明している。これまで対応していなかった国債や国内融資、不動産にカバー範囲を広げ、全資産をＥＳＧ目線で審査することにした。

国債については世界銀行が公表しているＥＳＧ関連のデータを確認。主に外国債に投資するときの参考にする。国内融資でもＥＳＧに関する融資先の評価を確認し、不動産では環境認証の取得を推奨する。ＥＳＧを重視していない投融資先に対する具体的な対応は今後詰める。

＊＊＊＊＊＊＊＊＊＊＊＊＊＊＊＊＊＊＊＊＊＊＊

このように運用を「まるごと」「すべて」ＥＳＧに対応させるのが、インテグレーションの特徴です。運用のなかで特定のＥＳＧ枠をつくって売買するとか、一部の資金を実験的に振り向けるという段階は、終わりつつあります。「ＥＳＧはいずれ当たり前のことになる」

というのが筆者の考えですが、それは第一生命や日本生命のような長期投資家の運用はすべてESGインテグレーション戦略になるということです。

ロベコ——100%ESG投資の老舗

世界的に見れば、100%ESGの投資家は決して珍しくはありません。

オランダのロッテルダムという都市にロベコという資産運用会社があります。1929年の世界大恐慌の直後に設立されただけに、企業の存続や生き残り、レジリエンス（危機への耐性）といった面を重視して投資をしてきました。現在は日本のオリックスの傘下として、同社の資産運用ビジネスの中核に位置づけられています。

運用資産の規模は1947億ユーロです。規模で見ると世界ランキングの100位程度なので、大きさという面では目立つ資産運用会社ではありません。しかし、ロベコは1990年代からESGインテグレーションに取り組む、この分野の老舗中の老舗です。今ではすべての運用がESG型だといいます。

ロベコの最高経営責任者（CEO）、ジルベール・ヴァン・ハッセル氏に話を聞いたことがあります。「今後、ESG投資の勢いは衰えることはないのか」という筆者の問いかけに、ハッセルＣＥＯはこう答えてくれました。

「むしろ、資産運用にとって当たり前のことになると見ている。ロベコは１００％の投資の意思決定でＥＳＧ要因を考慮するようになった。運用に関する考え方も変わっていると思う。これまで運用にはリスクとリターンの２つの要素しか考慮されてこなかった。今後はもうひとつ別の要素が加わるのではないか。それは、ウェルビーイング（社会的な幸福）だ。マネーには良い社会をつくる力が備わっている」

今後、「１００％ＥＳＧ」「ＥＳＧは当たり前」と公言する機関投資家が増えてくるのは、確実なことのようにも思えます。そのうえで、すべての運用会社がリスクとリターンだけでなくウェルビーイングを求めていくかどうかは分かりませんが、その兆候も見え始めてはいます。この点は後述します。

アセットオーナー

ロベコのような資産運用会社は、年金基金や財団などから資産運用を請け負う「アセットマネジャー」と呼ばれます。運用を委託する側の年金基金や財団は「アセットオーナー」です。日本のＧＰＩＦもアセットオーナーです。

マネジャーの運用の考え方や手法は、オーナーの意向に従わなければなりません。これを受託者責任と言います。資産運用の世界では大変に重要な考え方なので、ぜひ覚えてください。本書の後段でも再び取り上げます。

コンサルティング会社ウイリス・タワーズワトソンの調査によれば、資産規模で見た世界の上位100のアセットオーナーの総資産額は現在20兆ドルを超え、アセットマネジャーに対してリターンを犠牲にせず環境・社会に好影響を与える運用を求める傾向が強まっているといいます。

米ブラックロックは、世界の大手機関投資家にESG投資に関する意識調査を実施しています。回答した機関投資家全体では、今後5年間でESG投資へのアロケーション額を2倍にまで増やしそうだとのことです。

もはやESG投資は資産運用の主流です。決して特殊な考え方ではありませんし、一時のブームとも違います。

3　アクティビズムとの接点

アクティビズムとの融合

ＥＳＧが資産運用の世界で普通のことになると、様々な投資の手法にも浸透していきます。例えば「アクティビズム」です。単に企業の株式を売り買いするだけではなく、株主の立場から投資先の経営に注文をつけることによって、企業価値の向上を狙う戦略です。こうした手法を取る投資家が「アクティビスト」です。

日本ではよく「物言う株主」と紹介されていますが、一昔前の「特殊株主」とはまったく違います。日本でも企業統治改革が進み、普通の資産運用会社や市井の個人も株主の立場から経営に提案を出すようになりました。その意味で、株主は潜在的にみんなアクティビストなのです。

アクティビストは様々な注文をつけます。配当・自社株買いによって余剰資金を株主に還元せよとか、本業との相乗効果が見込めない事業を売却せよとか、社外取締役を増員して企業統治の質を上げよとか。

最近はアクティビストの注文のなかに、ＥＳＧに関連した項目が加わるようになりました。本節は、そうしたアクティビズムとＥＳＧの融合を取り上げます。

増える株主総会での環境関連提案

アクティビストの本領が発揮される舞台は、何といっても株主総会です。２０２０年を振り返りますと、株主総会でＥＳＧ関連、特に環境関連の提案が出される例が目立ちました。

２０２０年6月25日のみずほフィナンシャルグループ（ＦＧ）の株主総会では、ＮＰＯ法人の気候ネットワーク（京都市）から脱炭素の行動計画を年次報告書で開示するよう定款変更を求める提案が出されました。

これに対して集まった支持は34％。定款変更の特別決議に必要な3分の2以上の賛同は得られなかったものの、国内外の資産運用会社や年金基金などが支持に回らなければこれだけの票は集まりません。

気候ネットの分析によりますと、欧州系の投資家のほか、国内でも野村アセットマネジメント、農林中金全共連アセットマネジメント、ニッセイアセットマネジメント、アセットマネジメントＯｎｅが賛成したそうです。

海外に目を転じましょう。

米消費財大手のプロクター・アンド・ギャンブル（P&G）は、10月13日に株主総会を開きました。そこにサプライチェーンの環境保護に関する情報開示の充実を求める株主提案が出され、67％の株主が賛成に回り可決されました。提案はグリーン・センチュリー・エクイティ・ファンドという投資家が出したもので、P&Gが製品のサプライヤーに対して包括的な環境対策を求めていないことを問題視していました。

会社側は、現状の対策は十分として提案に反対するよう求めていました。しかし、株主提案への支持の輪は、一般株主に予想以上に広がったのです。

欧米では、環境関連の株主提案が多くの支持を集める例は枚挙にいとまがありません。大手銀行グループのJPモルガン・チェースの株主総会では、国際的な気候変動対策「パリ協定」を達成するための行動計画の公表を求める株主提案に、5割近い賛成票が集まりました。

資源大手エクソンモービルの総会では、株主が同社の温暖化対策を促進する目的で、会長と最高経営責任者（CEO）の兼務禁止を提案。否決はされたものの、賛同は全体の30％余りに上りました。

また同業のシェブロンでは、自社に有利な気候関連政策を政治家に働きかける「ロビー活動費」の公開を求める株主提案が可決されました。こうした「環境アクティビズム」で重要な役割を果たしているのが、環境問題に詳しいＮＧＯやＮＰＯです。

例えばＪＰモルガンへの提案を出したのは「アズ・ユー・ソウ」という米ＮＰＯで、資産運用業界と太いパイプを持っています。温暖化対策のほかにも、機関投資家と組んで食品会社に廃棄プラスチック問題の解決を迫るなど、幅広い活動をしています。

こうした文脈でみずほＦＧの総会を改めて見てみますと、気候ネットワークの提案に多くの支持が集まったのは、不思議なことでもなんでもありません。２０２１年の株主総会ではみずほＦＧ以外の金融機関に対して、環境団体が森林保護に関する株主提案をするかもしれないと聞いたこともあります。

社会関連の提案でもタッグ

それでは、ＥＳＧのＳ、社会関連の提案はどうでしょうか。

「子どもが最適な方法で貴社の製品を使えるようになるため、親たちに多くの選択肢とツールを提供すべきです」

２０１８年の1月、米アップルの取締役会にこんな手紙が届きました。「子どもがスマートフォンの使用にのめり込むあまり、勉強に集中できない」といった問題に対して、製造者としてアクセス制限などの対策を講じる必要があるという主張です。

注目すべきは書簡の差出人でした。著名アクティビスト、ジャナ・パートナーズと、有力公的年金のカリフォルニア州教職員退職年金基金（カルスターズ）の連名だったのです。

アクティビストと公的年金が共同で事業再編などを求めることは、米国では珍しいことではありません。しかし、社会的に懸念が浮上しつつある問題についてタッグを組む事例はとても珍しいものでした。ＥＳＧのＳ、企業の社会的責任をアクティビストと年金が歩調を合わせて求めたわけです。

トライアン・パートナーズ、ブルー・ハーバー、レッド・マウンテン・キャピタル、バリューアクト……。米国の様々なアクティビストと話した経験から言うと、彼ら・彼女らはＥＳＧを特別なことと見ていません。身近で差し迫った事象を扱うＥＳＧのＳ（社会）のほうが、影響が長期にわたり目に見えにくいＥ（環境）よりも個人株主の支持を得やすいという計算も働いています。

米カルスターズの企業統治担当者から「長期の企業価値向上に向けたパートナーになりう

るアクティビストを常に探している」と聞いたこともあります。米国のアクティビストにとってもＥＳＧは当たり前、年金基金との共闘も普通のことなのです。

２０２１年の日本市場に波及しそうな潮流です。

Ｅ＆Ｓ提案が増える米国

ノルウェー公的年金ＧＰＦＧは「物言う公的年金」として知られますが、その運用を担うノルウェー銀行投資マネジメント部門（ＮＢＩＭ）は、世界中で増加するＥＳＧ関連の株主提案に関する調査リポートを２０２０年６月に出しています。

それによりますと、世界的に見てすべての株主提案の７割は特定の取締役や監査役の選任に関することです。つまり、株主代表の社外取締役の候補を立てる、といった内容です。

残り３割がＥＳＧに関する株主提案で、大まかに言ってＧ（統治）とＥ＆Ｓ（環境、社会）に分かれます。Ｇ関連の提案は報酬制度に関するものが多いのですが、それ以外には、企業に特定の規則づくりを求めたりするものがあります。例えば、本社所在地をある地域に限定して、他所に引っ越していかないよう求めるといった内容です。

Ｅ＆Ｓの提案とは、この節で見てきた温暖化関連の情報開示や森林保護のポリシー作成、自社の製品・サービスが社会にもたらす弊害への対応などが入ります。

このE&S提案が最も多いのが米国で、数の上ではGを上回るようになりました。全体の35%程度をE&S提案が占めるともいいます。

欧州は数のうえでは意外に環境・社会問題に関する株主提案が米国ほど多くありません。これは、株主と企業のコミュニケーション方法の違いも影響していると思われます。米国は株主総会の場で法律にもとづく提案をして、多数決で決着をつけるのを好みます。欧州はむしろ株主総会が開かれるまでの期間に個別に企業に働きかけ、自分たちの要求を受け入れるよう求めます。

これは欧米の文化の違いもあるでしょうが、米国のほうが法律的に株主提案を相対的に出しやすいという事情もあると思われます。米国では一度提案を出し、それを交渉の材料にして提案の部分的な受け入れを約束させた後、引っ込める戦術も使われます。

いずれにせよ、株主が企業に対して環境・社会問題に関する様々な要求を出すことは、世界的に増える傾向にあります。この面でも「ESG＝普通のこと」なのです。

4　ショート（空売り）戦略としてのESG

空売りになぜ応用？

ESGは資本市場で普通のことになってきたのですから、株券を借りてきて売却するショート（空売り）と呼ばれる投資戦略や、こうした手法を組み込んだヘッジファンド戦略全般にも応用され始めています。

ESG投資は本来、企業の見えにくい価値をじっくり見きわめるところに神髄があります。長期投資になじむ考え方であり、投機的な売買を繰り返すヘッジファンドや、空売りとは無縁とも思われます。

しかし、ESGが企業の株価形成に大きな影響を与えるようになると、割高な銘柄を売却して利益を確定したり、虚偽の疑いがある情報を発信する企業の株式を空売りしたりするきっかけにもなります。空売りによって市場全体の公正が保たれ、価格発見機能が磨かれるとすれば、市場の正義にもかないます。それはESGの精神にも通じることです。

PRIがヘッジファンド選びの指針発表

そうした現実を踏まえ、ESGの推進役も動き始めました。

第1章で紹介した国連の責任投資原則（PRI）事務局は、「ヘッジファンドへのESG組み入れに関するテクニカルガイド」という指針を発表しています。年金などのアセットオーナーが運用の委託先としてヘッジファンドを選ぶ際の留意点を示しています。環境や社会問題を分析する能力を備え、運用戦略にうまく応用する力量があるかどうか、よく見きわめよという内容です。

PRIがヘッジファンド指針を発表したのは、市場の現実を踏まえてのことです。2020年のPRIの調べによれば、責任投資原則に署名してESG重視を表明する年金やファンド、金融機関のなかで、すでに8％は自前のヘッジファンドを持っていました。また、署名機関の12％は外部のヘッジファンドに運用を委託していました。

PRI最高責任者のフィオナ・レイノルズ氏自身、「ヘッジファンドへの見方は急速に変化している」と語っています。

ESGをさらに市場に普及させていくためには、有力な運用者としてヘッジファンドを認め、取り込んでいくほうが建設的です。

ＰＲＩ指針で有力プレーヤー動く

ＥＳＧの総本山とも言えるＰＲＩが指針を示した影響力は、決して小さいものではありませんでした。有力プレーヤーはすかさず動き始めています。

例えば、仏運用会社ＢＮＰパリバ・アセットマネジメントは、２０２０年７月半ば、環境問題への取り組みに積極的な企業の株を買い、消極的な企業の株を空売りするロング・ショート型のファンドを立ち上げました。運用開始早々に資産規模が７５００万ドルに膨らんだことからも分かるように、ＥＳＧ型ヘッジファンドへの関心と期待には高いものがあります。

筆者は同ファンドの運用責任者、エドワード・リーズ氏に話を聞いたことがあります。弁舌はさわやかで、複雑な問題もよく整理している印象でした。

「何十兆ドルもの投資が新しい産業に流入し、何十兆ドルもの資金が古い産業から流出する。この大きなうねりは明らかであり、ロング・ショート戦略は有効だと考えた」

「企業評価では、環境問題の解決に必要な具体的なソリューションを持っているかどうかを重視する。注目している技術は太陽光、風力、バイオ燃料、水素、燃料電池、スマートメーターなどだ」

「原子力発電は悩ましい。事故のリスクや廃棄物処理のコストなど、深刻な問題を持つ技術であることを誰もが知っている。個人的には支持できないが、温暖化ガスの排出を抑えるという意味で、現状では頼らざるを得ない現実もある。既存の原子力は投資の可能性がある。しかし、新規建設は問題外だ」

こうした、高度な運用の専門家が入ってくることにより、ESG投資の金融としての側面が磨かれ、市場に定着していくものと思われます。

さらに、ショート戦略を用いることにより、市場に対する告発機能が発揮されることにもなります。

「ウオッシング」を防ぐ

ここで、新しい言葉を紹介しましょう。「ウオッシング」(washing)です。文字通りには「洗うこと」ですが、ESGの文脈では「表面をきれいに見せる」とか、転じて「偽装する」といったネガティブな意味に使われます。

「ESGウオッシング」といえば、表面的には環境や社会に良いことをしているようだが、実態は二酸化炭素を多く排出し、児童労働や人身売買にも手を染めている、といった企業のことを指します。

そこで注目されるのが、企業の経営を細かく調べ、空売りという手段で不審点を鋭く突くヘッジファンドの力です。2020年7月にヘッジファンドの世界的な業界団体、AIMA(代替投資協会)がこんな声明を出しました。

「空売りは責任投資の中核的なツールである。投資家はESGリスクを回避し、良いインパクトを生み出せる。ヘッジファンドは不正発見の能力を環境や社会問題にも広げることにより、世界中の市場をより透明で安全なものにすることができる」

具体例として挙げられたのが、欧州を代表するフィンテック企業ともてはやされながら、粉飾決算が発覚して経営破綻した独決済大手ワイヤーカードです。ヘッジファンドは同社の不正をいち早く見抜き、空売りという形で市場に警告を発しました。

ワイヤーカードは、存在しているはずの資金が実際にはなかったという帳簿操作が問題になりました。企業が守っているはずの環境・社会に関する諸規則が実は守られず、実態は逆だったことが暴かれれば、ワイヤーカードのように空売りの対象になります。

英国にカジュアル衣料の販売で急成長してきたブーフーという小売業があります。

2020年夏、同社の株価が、適正と考えられる賃金の半分しか工場労働者に支払っていな

図 2-1　英小売り、ブーフーの株価（2020 年）

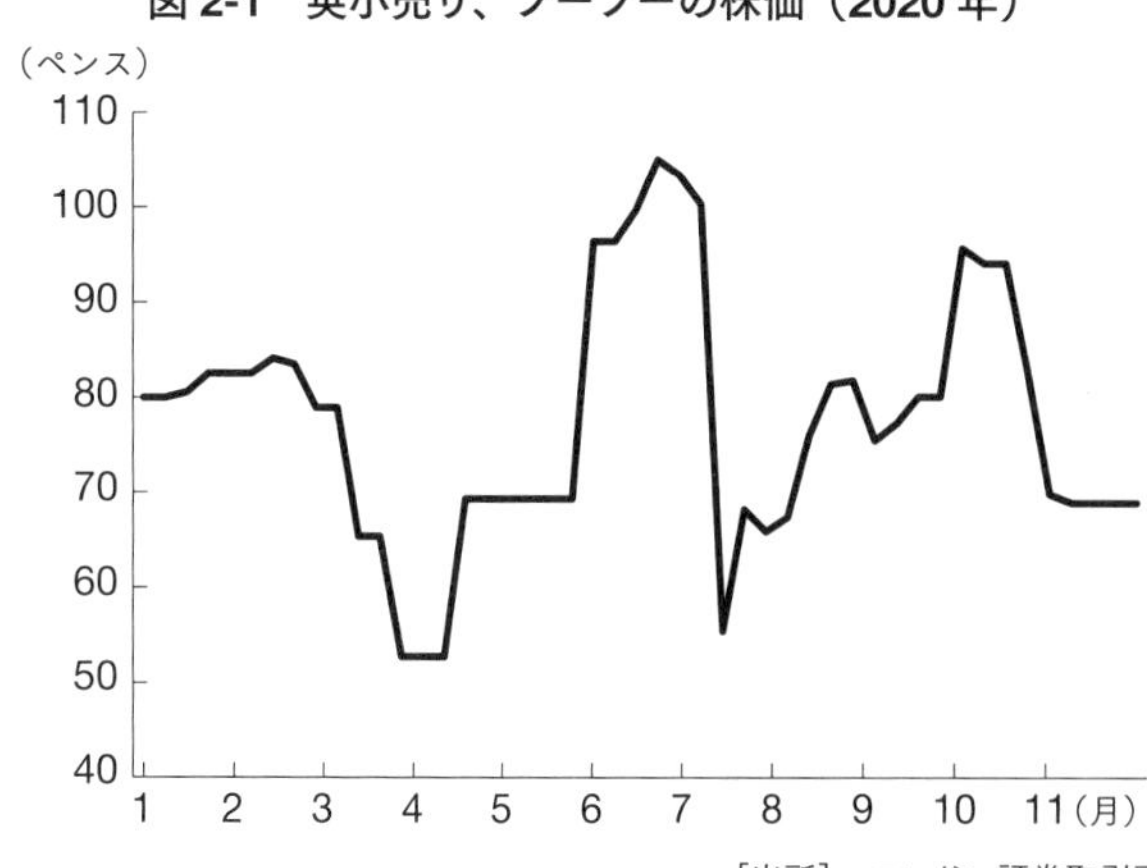

［出所］　ロンドン証券取引所

いとの報道をきっかけに、急落したことがありました（図2-1）。

後述しますが、ESGのS（社会）要素のなかには、「現代奴隷」というちょっとショッキングな言葉もあります。低賃金・長時間労働で移動の自由も制限されているような環境で働く人のことですが、ブーフーの報道はまさに「現代奴隷」問題を想起させたのです。そして、人権や労働の問題に対して株価が敏感に反応することも証明されました。

「ショートは究極のESG投資だ」

マディ・ウオーターズ・リサーチのカーソン・ブロック氏、アップルシード・キャピタルのジョシュ・ストラウス氏、モーフィック・アセット・マネジメントのチャド・スレーター氏……。世界には名だたるショート・セラー（空売り投資家）がいます。彼ら・彼女らが今最も注目しているのが、ESGウオッシングなのだともいいます。

米国で「空売り投資の帝王」の異名を持つカーソン・ブロック氏は、個人向けに専門のテレビ番組サイト、ゼロースTVを立ち上げています。「ショートは究極のESG投資だ」というのが、最近のブロック氏の持論です。

このサイトには、テスラ株の売り推奨もしたことがある調査会社バーティカル・リサーチのゴードン・ジョンソン氏も登場したことがあります。「太陽光発電のプラグを抜く」（The Unplugging of Solar Power）と題してブロック氏と対談しています。そのなかでもESG投資に流入する多額の資金が甘い企業評価につながっており、どこかで調整のタイミングが訪れるかもしれないと述べています。

2019年に米国の情報ベンダーであるバークレイヘッジは、世界主要国のヘッジファンドマネジャーを対象に調査をしています。「株式投資の意思決定をする際にESG情報を考慮する」とする運用者は4割超で、6割程度には増える見込みだと予想しました。

ヘッジファンドがESGへの関心を高める背景には、年金基金などアセットオーナーから

ＥＳＧの要素を考慮するよう求められているという面もあります。

企業価値の形成にあたって、ＥＳＧに代表される非財務情報の影響が高まっています。それは、超過リターンの獲得やリスク管理のうえでも重要な判断材料になりえます。ヘッジファンドが投資戦略としてＥＳＧを重視する動きは、２０２１年に格段に広がると見ています。

5　持つべきか、売るべきか

ダイベストメント——売り手の意思表示

ＥＳＧ投資には聞き慣れない言葉や新しい考え方が次々に出てきます。それがＥＳＧに親しみを抱けない理由になっており、誤解や曲解を招いている面も否めません。本書はＥＳＧに特有のクセのある用語を避け、投資の世界でよく聞かれる言葉を使おうと心がけています。それが「ＥＳＧ＝普通のこと」という主張に沿うとも考えるからです。

では、この言葉はどうでしょうか？

「ダイベストメント」(divestment)。「投資」を意味する「インベストメント」(investment)

の反対の意味の言葉で、持っている株式や債券などの金融資産を手放すことを意味します。

ヘッジファンドを取り上げた前節では「ショート」（short）という言葉が出てきました。持っている資産を手放して残高を減らしたりゼロにしたりするのが、ダイベストメント。一方、手元には持っていない株式や債券などを誰かから借りてきて売却するのが、ショートです。

ショートの持ち高はマイナスとなります。しかし、貸主に株式や債券を返さなければならないので、一定の期間の間に買い戻しをするのが普通です。売却の値段より買い戻しの値段が安ければ、安く買ったものを高く売ったことと同じですから値ザヤを稼ぐことができます。

ダイベストメントは値ザヤ稼ぎのショート戦略とは違いますし、利益確定や損失限定のための通常の売却とも、少しニュアンスが異なります。そこには、売り手の意思表示が含まれます。投資先企業への圧力や抗議です。

環境・社会問題への取り組みに問題ありと考えられる企業の株式や債券を売却し、投資家が企業に再考を迫る。それがＥＳＧの世界におけるダイベストメントです。

積極的に進める大学基金

現在、ダイベストメントを最も徹底的に進めている資産運用の主体は、海外の大学基金です。

英国のケンブリッジ大学の基金は、化石燃料関連への直接および間接の投資を2030年までにすべて解消する方針です。ケンブリッジ基金は、投資先企業の排出する二酸化炭素などの排出量をゼロにする目標を掲げています。

投資先が炭素ガス排出をゼロにする方向で努力してくれればよいのですが、それが見込めない場合にはダイベストメントという形で対応するのです。売却で得た資金でクリーンエネルギーなどへの投資を進めると見られます。

米国のハーバード大学や英国のオックスフォード大学も基金運用での脱炭素を進めています。ケンブリッジの動きが両校の動きを意識したものであることは明白です。

このようにダイベストメントは連鎖する傾向が強いようです。あるアセットマネジャーがESGを意識してダイベストメントを実施した場合、別のマネジャーにもアセットオーナーから「環境破壊に手を貸す企業になぜ投資を続けるのか」と圧力がかかるからです。

日本企業も対象に

日本企業もダイベストメントの脅威にさらされています。

フランスに本部を置く非政府組織（NGO）リクレーム・ファイナンスは世界25の非政府組織（NGO）と協力し、石炭関連企業への金融機関の投融資方針を評価するデータベースをつくっています。データベースの名称は「コール・ポリシー・ツール」。350.orgやバンクトラック、レインフォレスト・アクション・ネットワーク（RAN）など全世界の代表的な環境NGOが、パートナーとして集結しています。

「石炭採掘事業や石炭火力発電事業への投融資方針を定めているか」「石炭事業全廃に向けた行動計画を定めているか」など5項目について、方針を示していない0を最低位とし、脱炭素方針の強さや例外の少なさに応じて最高位の10まで、11段階の評点です。

評価の第1基準である「石炭関連の投融資」について、代表的な事例を拾ってみましょう。フランスの金融機関が最上位を独占し、ついで米国や英国、ドイツが続き、日本の資産運用会社や銀行は中の下くらいに固まる傾向が強いようです。中国や新興国が低評価に位置するほか、米国の著名投資家ウォーレン・バフェット氏が率いるバークシャー・ハザウェイが最低位になったこともあります。

リクレーム創設者のルーシー・ピンソン氏は、「データベースやランキングの公表は最終的な評価ではなく対話の糸口」だとしています。コール・ポリシーのパートナーに加わった350.orgの日本支部キャンペーナー、渡辺瑛莉氏も「今後、金融機関や金融当局と意見交換などをする機会は増えるだろう」と見ています。

問題は、対話や意見交換の結果です。日本の銀行などが期待ほどに環境対応を進めないと判断されてしまうと、そのとたんにＮＧＯと連携した投資家がリスト掲載の銀行のダイベストメントを始めるリスクがあります。

予備軍リスト

実際、ＮＧＯのつくるデータベースはダイベストメント予備軍のリストとして機能している現実があります。

ドイツの環境ＮＧＯ、ウルゲバルトは「グローバル・コール・エグジット・リスト」（ＧＣＥＬ）というデータベースをつくっています。温暖化と関連づけられることが多い石炭事業を手がける、世界中の企業をまとめています。投資家は掲載企業に事業の撤退・縮小を求め、ダイベストメントに出ることも少なくありません。

ウルゲバルトによれば、世界中の約200超の機関投資家がGCELを利用しているそうです。筆者が確認した2019年版リストには746社が掲載されており、日本では大手商社などが入っていました。

住友商事が国内外で石炭火力発電所などの新規開発を原則中止、丸紅はアフリカで計画していた発電所の開発から撤退――。2年ほど前、ちょうどESG投資が盛り上がってきたころ、大手商社が脱石炭事業を加速させたことがありました。市場の厳しい評価が影響していることは想像に難くありません。

第1章ではESGの前身としてSRI（社会的責任投資）を説明しました。ダイベストメントはSRIのころからあります。1980年代に南アフリカのアパルトヘイト（人種隔離政策）に反対するために、企業や個人が南アフリカ関連企業の株式や債券から投資資金を引き揚げる動きが見られました。そうしたマネーの力もアパルトヘイトが廃止された要因の一つになったという指摘があります。

軍政を敷いていたころのタイやミャンマーに進出を試みた企業が、SRI投資家の抗議を受けて断念したという話も聞きました。

ダイベストメントよりエンゲージメント（働きかけ）？

日本の金融機関や投資家の意見を聞きますと、実はダイベストメントには懐疑的な声も多くあります。ESGに対する自社の取り組みを示すだけのスタンドプレーであり、気候変動などの問題を解決する力がどれほどあるのか、というわけです。

また、環境意識の高い投資家が手放した株式や債券は、売られた側の会社が買い戻さない限り、別の投資家が購入します。この投資家がESGに関心がない場合、企業への圧力は減じることになり、地球全体で見た脱炭素の動きにマイナスに作用しかねません。ならば、投資家として企業と関係を保ったうえで働きかけをしたほうが責任ある立場ではないかというわけです。

ダイベストメントよりエンゲージメント（働きかけ）、という理屈です。ダイベストメントは最終的な効果に不透明な点が残り、議論が分かれる手法であることは、認識しておくべきでしょう。

とはいえ、投資の現実に目を向け直しますと、全世界で化石燃料からの投資撤退を表明している団体が1000を優に超え、総運用資産が10兆ドルを上回っているもようです。企業にとっては大変な市場のプレッシャーであり、それに抗するための投資家との意思疎通が何よりも重要になります。ＥＳＧ時代の企業の投資家向け広報、ＩＲについては、次の第3章で見ていくことにします。

第3章

企業が変わる

【第3章はやわかり】

第3章は企業行動の変化を取り上げます。ESGのうねりは年金基金や資産運用会社の投資行動を大きく変えました。投資される側である企業も変わらざるを得ません。

市場と企業との接点という意味で、投資家向け広報（IR）の持つ戦略的な重みが増しています。IRは企業にとって都合の良い情報を一方的に流す宣伝活動ではありません。投資家の言い分に真摯に耳を傾け、もっともだと思う提案は取り入れ、しかし反論すべきことは徹底的に反論する。そんな市場との真剣勝負を避けて通るわけにはいきません。

ESG関連でIRツールとして注目されているのが、統合報告書です。有価証券報告書で開示されていた従来型の財務情報に加え、自社の環境・社会戦略など非財務情報を統合的に説明する開示書類です。記載の仕方に決まりはありません。企業が自社について説得力あるストーリーを語る力が問われています。

統合報告書のストーリー力が評価されている企業の一つに、日立製作所があります。2020年版報告書では、日立という会社が「どこから来て、どこを目指すのか」「どう成長するのか」「どう持続していくのか」の3点について、骨太で説得力ある物語が記述されています。日本企業の情報開示は、公的に定まったフォームに数字を細大漏らさず詰め込むやり方が主流でした。ESG時代は古いスタイルを変えなければなりません。時には思い切った試みも投資家に訴える効果があります。

製薬大手エーザイの統合報告書は、かなり踏み込んだ実験的な内容です。「人的資本」の視点を取り込み、「人件費投入を1割増やすと5年後の株価純資産倍率（PBR）が13・8％向上する」「研究開発費を1割増やすと10年超でPBRが8・2％拡大する」といった独自の調査結果を報告しています。

ソニーは「世界を感動で満たす」というパーパス（存在意義）を掲げることにより、エレクトロニクスから映画・音楽、ゲーム、金融など幅広い領域のビジネスを統合的に語ろうと試みています。

業務部門が多岐にわたる企業はコングロマリット（複合企業）と分類され、一つの分野に特化する場合に比べ企業価値が毀損されるという批判がつきまといます。コングロマリットディスカウントです。

ソニーの場合も、米国のアクティビストから事業分割を求められました。しかし、ソニーの出した答えは逆でした。「感動」（Emotion）というパーパスで異なる領域の事業を統合する道を選んだのです。

大手流通業の丸井グループは、ＥＳＧの視点を最も早く経営に取り入れた日本企業の一つです。２０５０年の近未来社会を構想しそこから自分たちが何をなすべきかを考える「逆算の経営」は、11期連続で増益達成という財務的な結果も伴っています。

ナイキやアップルといった米国の大企業は、サプライチェーン全体に念入りに目配りしています。米大企業はグローバル展開が日本企業よりも進んでいるため、アジア新興国の環境破壊や人権侵害の問題に早くから向き合わざるを得ませんでした。それだけに対応も徹底しており、二酸化炭素の排出削減や労働条件の改善にも、末端の下請けを含めたサプライチェーン全体で取り組んでいます。

米国のエクソンモービルと英ＢＰの比較は興味深いものがあります。石油は石炭とならんでＥＳＧ時代に旗色の悪いビジネスの代表格ですが、米英を代表する石油会社2社の環境問題への取り組みはあまりに対照的です。現状維持の姿勢は市場の評価を下げるだけ、という厳然とした事実をつきつけています。

1　日立、ストーリーを語る

統合報告書の時代

企業が経営戦略や業績を市場に発信することを、投資家向け広報（IR）といいます。ESG時代のIRでは、売り上げや利益の伸びの予想といった従来型の財務情報のほかにも、様々なメッセージを発信する必要があります。そのための新しいツールも広がっています。

代表的なものの一つが「統合報告書」です。英語ではIntegrated Reportで、省略形はIR。投資家向け広報のIRと混同してしまうので、本書では統合報告書のアルファベット略称は使いません。

ESG投資家が求める情報は多岐にわたります。E（環境）関連なら、温暖化ガスの排出量やプラスチックなどのゴミ廃棄量。S（社会）では、社会貢献活動だけでなく、有給休暇や育児休業の消化率といった従業員に関する情報も重視されます。G（ガバナンス）は、意思決定の仕組み、経営者報酬の決め方、社外取締役のスキルなど企業統治についての情報が求められます。

企業が決算発表に用いる「短信」や公的に届け出る「有価証券報告書」は形式が固定しており、ESGの三要素を詳述することができません。そこで近年、企業の間で広がってきたのが、法定の財務諸表とESGの情報を1冊にまとめた統合報告書です。

IIRC提言——6つの資本

英国に国際統合報告評議会（International Integrated Reporting Council：IIRC）という、世界の投資家や企業が集まる組織があります。IIRCが発表する統合報告書のひな型を応用して、世界の企業が統合報告書を発表するようになっています。

IIRCが提言した統合報告書の大きな特徴の一つは、様々な「資本」の概念を提示している点です。資本というと、通常は貸借対照表の資本の部に象徴される金銭的な資本を思い浮かべます。しかし、企業はそれ以外にも環境や人的な資源（資本）も使っていますし、組織に蓄積された知的財産やノウハウも活用しています。

IIRCは企業が価値を生み出すために使う有形無形の資産を広く「資本」と定義し、さらに「人的資本」「知的資本」「製造資本」「社会関係資本」「自然資本」「財務資本」の6つに

図3-1 「統合報告書」を発表している日本企業の数

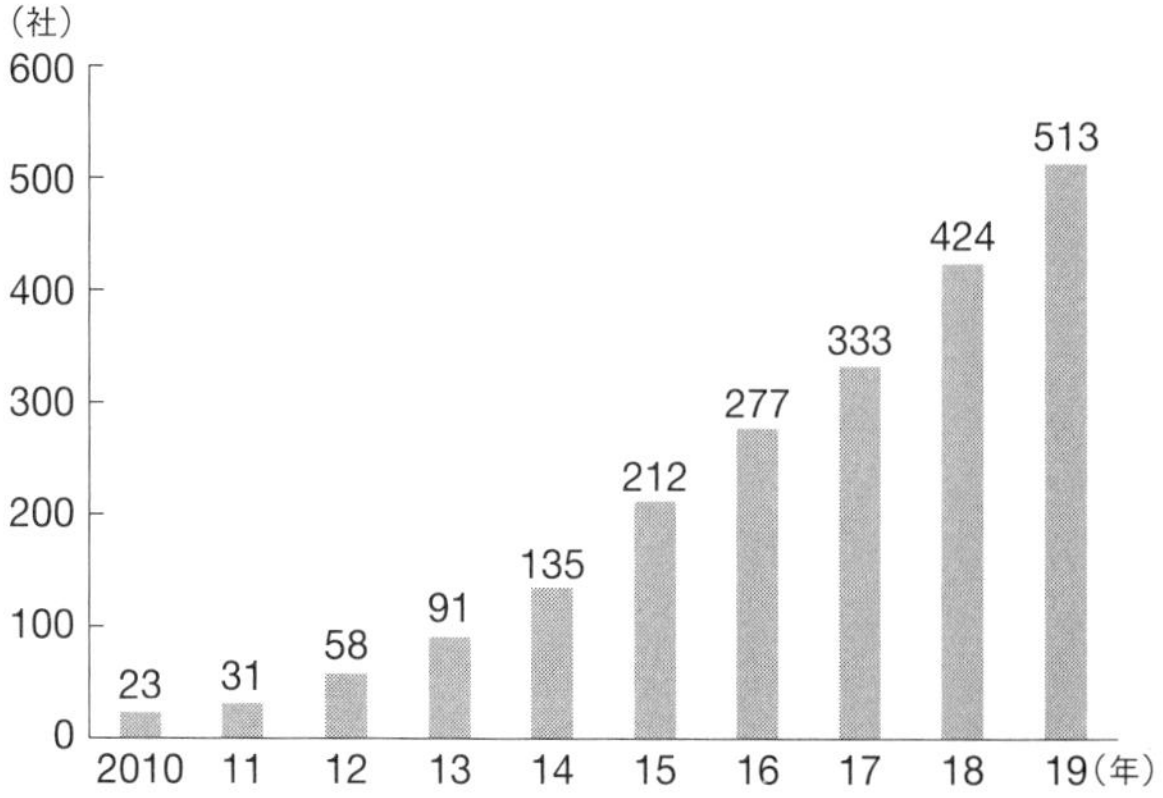

（社）

年	2010	11	12	13	14	15	16	17	18	19（年）
社数	23	31	58	91	135	212	277	333	424	513

［出所］ KPMG

分類しています。

監査法人のKPMGが毎年、統合報告書の普及度合いなどを調べて発表しています（図3−1）。最新の報告書によりますと、２０１９年に統合報告書を作成・公表した日本企業の数は５１３社でした。１年前から89社増加、５年前の２０１４年に比べると３・８倍に急拡大しています。５１３社のなかでは東証１部上場企業が４７７社と圧倒的に多く、その時価総額は１部市場全体の66％に達します。

日本では法定の有価証券報告書のほかに、自主的に年次報告書（アニュアルリポート）を公表している企業も少なくありません。アニュアルリポートにESG情報を盛り込み、統合報告書に衣替えさせている例も多いと見られます。

統合報告書の作成には手間がかかり、良いものを作ろうと思えば専門スタッフなども必要になります。統合報告書の作成が大企業に偏るのも致し方ないところではあります。逆に、「投資家の裾野を広げたい」「ＥＳＧ重視の外国人投資家に注目してほしい」と考える中堅、新興の企業にとって統合報告書は有効な手段となります。

さて、それでは統合報告書の実例を見ていくことにしましょう。

日立製作所の統合報告書を見る

「日本経済新聞」では１９９８年から、投資判断のツールとして優れているアニュアルリポートを表彰する制度を設けています。近年では大企業に限ればほぼアニュアルリポート＝統合報告書なので、実質的には「統合報告書アウォード」の様相を呈しています。

２０１９年のグランプリに選ばれたのは、日立製作所の統合報告書でした。アウォードのホームページを見ると、受賞理由として「経営トップの熱い思い、イノベーションの加速に向けた一貫性のある成長戦略、リスクに対する考え方・対応方針など、全体を通して投資家に納得感を与える丁寧な記述が充実」とあります。

次ページのリポートの目次に目を通しただけでも、雰囲気がつかめます。

■日立グループとは
日立グループの事業／日立グループ・アイデンティティと社会イノベーション事業／成長の軌跡
■日立グループの価値創造
CEOメッセージ／社外取締役対談／価値創造プロセス／諸資本の活用と価値創出／価値創造ストーリー
■日立グループの成長戦略
経営改革の変遷と中期経営計画／2021中期経営計画の概要／キャピタルアロケーション戦略／財務資本戦略／イノベーションの加速／環境ビジョンと脱炭素ビジネス／Lumadaの強化／セクター別価値創造ストーリー
■持続的経営を支える経営基盤
リスクと機会への対応／情報セキュリティの推進／労働安全衛生、従業員の健康／バリューチェーンにおける責任／コンプライアンス／品質保証／気候変動関連の情報開示／コーポレートガバナンス／マネジメント体制

■データセクション
10カ年データ／セグメントハイライト／財政状態、経営成績およびキャッシュ・フローの状況の分析／（以下省略）

全105ページと決して薄くはないのですが、収容されている情報を考えれば、かなり読みやすくコンパクトにまとまっている印象です。

CEOメッセージも具体的ですし、統合報告書の特徴である6つの資本の解説図にも「人的資本　連結従業員数29万5000人」「知的資本　研究開発投資3231億円」など定量情報を盛り込むなど、工夫の跡がうかがえます。

また、ESG情報については、「経営基盤」のパートにまとめられています。

日本企業のアニュアルリポート、統合報告書はともすれば進行中の中期経営計画の説明や進捗に分量が割かれる傾向もあります。日立の場合は、まずCEOがビジョンを打ち出し、そのなかで経営計画が位置づけられ、そのために様々な資本をどのように使っているのか、という筋書きが打ち出されています。このストーリー性は、統合報告書を作ったり、読んで評価したりする際、とても大切な要素となります。

さらに、2020年版の統合報告書を見てみましょう。目次の大きな柱は、こんな具合に構成されています。

■どこから来て、どこを目指すのか
日立グループの事業／日立グループ・アイデンティティと社会イノベーション事業／新型コロナウイルス感染症（COVID-19）対応の日立の基本方針／CEOメッセージ

■どう成長するのか
価値創造プロセス／過去の中期経営計画の振り返り／戦略と資源配分／戦略の柱1：社会イノベーション事業の加速による売上収益の拡大／戦略の柱2：グローバルな競争力の強化／戦略の柱3：収益力向上に向けた経営基盤の強化　CFOインタビュー／5セクターの価値創造ストーリー

■どう持続していくのか
リスクと機会への対応／情報セキュリティの推進／労働安全衛生、従業員の健康／バリューチェーンにおける責任／品質保証／コンプライアンス／コーポレートガバナ

ンス／社外取締役メッセージ／マネジメント体制
■データセクション
10カ年データ／5カ年データ（非財務情報）／セグメントハイライト／（以下省略）

データセクションを除けば、それぞれの章のタイトルが口語の疑問形になり、日立という会社が何を訴えたいのかがより鮮明になりました。2019年版で「日立グループとは」と「日立グループの価値創造」の2つの章に分かれていた内容が「どこから来て、どこを目指すのか」に統合されたことにより、説明の重複感が解消されています。CEOメッセージもここに収録されています。

全体として章立てがシンプルで平易になったことで、このリポートが「日立製作所がどういう会社で、いかに成長を続けていこうとしているか」の説明であることがはっきりしたと思います。

統合報告書の大きな特徴は、形式の自由さです。IIRCが提唱した「6つの資本」が使われることが多いのですが、使うか使わないかは企業次第です。表現も柔軟に組み替えられます。ただ、投資家の使用にも堪えなければならないので、財務諸表などは正確に、できるだけ過去の長い期間にさかのぼって掲載することが望ましいでしょう。

2　自由演技が光るエーザイ

自由な表現が可能である半面、伝統的な企業評価に必要な財務データも盛り込む必要がある統合報告書を、自由演技と規定演技の両方が求められるフィギュアスケートに例える向きもあります。メダルを取るにはどちらも高得点を取る必要がありますが、競技者がオーディエンスの心をとらえようと勝負をかけるのは、自由演技のほうです。

統合報告書も同じで、投資家の評判が高いものは、かならず自由演技の部分に力を入れています。日立製作所の平野泰男ブランド・コミュニケーション本部長（当時）は２０１９年の統合報告書について、こう述べています。

「これまでの統合報告書は、財務情報中心のアニュアルリポートの構成ありきで作成していましたが、『統合報告書は自由演技であり、会社をどのように見せるか、もっとメッセージ性を強く訴求すべきだ』という経営幹部の意見を踏まえ、統合報告書とは何か、どうあるべきかという点を改めて熟考し、ゼロベースで全体を構築していきました」

非財務情報がいずれ財務的な価値を持つ

自由演技が光る統合報告書を他にも紹介しましょう。

製薬大手のエーザイが2020年に発表した統合報告書は、市場で高い評価を得たものの一つでした。

統合報告書は財務的な情報とESGに代表される非財務情報が混在していますが、エーザイの場合は非財務情報がいずれ財務的な価値を持つという前提に立って記載されています。逆に言えば、財務的なインパクトをもたらす非財務情報だけが重要なのだというわけです。

報告書の序盤の部分でCSV（Creating Shared Value）、「共通価値の創造」という概念を挙げています。これは企業戦略論の大家、米ハーバード大学のマイケル・ポーター教授が提唱したもので、「経済価値を創造しながら社会的ニーズにも対応することにより社会的な価値も創造する」という考え方です。

よく似た考え方にCSR（Corporate Social Responsibility）がありますが、エーザイはCSRを「任意、あるいは外圧によって」なすものであり「利益の最大化とは別物」と定義しています。対照的にCSVは「競争に不可欠」であり「利益の最大化に不可欠」と区別し、エーザイの求めるものはあくまで利益であることを強調します。

人件費や研究開発費には先行投資の側面

この姿勢がもっともよく表れているのが、統合報告書の「財務基盤」というパートです。エーザイの最高財務責任者（CFO）である柳良平氏が対談の形で人的資本と、資本市場における企業価値創造の関係を述べています。

柳CFOによると、同社のデータをさかのぼって分析した結果、こんな結果が得られたそうです。

○人件費投入を1割増やすと5年後のPBR（株価純資産倍率）が13・8％向上する
○研究開発費を1割増やすと10年超でPBRが8・2％拡大する
○女性管理職比率を1割改善すると（例：8％→8・8％）7年後のPBRが2・4％上がる
○育児時短勤務制度利用者を1割増やすと9年後のPBRが3・3％向上する

PBR、株価純資産倍率とは企業の一株純資産に対して株価が何倍あるかを示す指標です。本書は投資の指南本ではないので、ここではPBRが高いほど株価も高い、すなわち市場における企業価値は上昇すると理解してください。

人件費や研究開発費は、損益計算書では原価や一般管理費に分類されるコストです。それを低く抑えて利益を増やせば、市場価値すなわち株価も上がるのではないかと考えがちです。エーザイの柳理論では、人件費や研究開発費は単なるコストではなく、先行投資の側面があります。先行投資が実を結べば利益になります。だから、目先の利益捻出にこだわって必要な先行投資を削るのは株主のためにならない、という結論になります。

女性活用や育児時短勤務制度も、どちらかというと社会的な要請にもとづいて企業が対応しているととらえられがちです。しかし、女性が働きやすい環境を整えれば組織の多様性が増し、男性とは異なる視点の経営のアイデアが出やすくなります。変化の激しい時代にあって女性活用は間違いなく経営にプラスです。投資家の評価も高まるはずです。

人への投資や女性活用は、ESGにおけるS（社会）の中核的な要素です。第2章第1節で、ESGのSで高評価の企業は株価のパフォーマンスが良いというニッセイアセットマネジメントの検証結果を紹介しました。エーザイの統合報告書は、それを企業側から裏付ける結果にもなっています。

表3-1　エーザイが投資家に示したESG損益計算書

（2019年度、単位：億円）

①	売上高	6,956
②	原価	1,757
③	（うち人的資本）	142
④	研究開発費	1,401
⑤	販売管理費	2,563
⑥	（うち人的資本）	880
⑦	その他損益	20
⑧	営業利益	1,255
⑨	ESG調整後利益	3,678

［注］ ⑧+③+④+⑥=⑨

ESG考慮利益

エーザイ統合報告書の自由演技はさらに続きます。

人件費などの人に関する支出や研究開発費は将来の利益の源泉ともなる投資なのだから、それを会計上の利益に足し戻して考えてもよいのではないか――。柳CFOはこんな仮説も投げかけています。2019年度のエーザイの営業利益は1255億円だったのですが、これに人に関する支出（＝人材投資）を足し戻すと3678億円になると言います（表3−1）。

こうした仮説にもとづく利益を決算短信や有価証券報告書に記載することはできません。しかし、自由演技が許される統合報告書ならば可能です。EBITDA（税引き前、利払い前、償却前利益）という考え方も最初はうさんくさく思われていましたが、近年は、企業と投資家が収益力について議論する際のツールとして定着しました。

エーザイが統合報告書で示した「ESG考慮利益」も市場で受け入れられる日が来るかもしれません。筆者の知っている運用者は「まだまだ荒っぽいが注目すべき試み」と感想を述べていました。

SAPの従業員エンゲージメント指数（EEI）

実はエーザイの柳CFOに大きな影響を与えた海外企業があります。ドイツのソフトウェア大手SAPです。

SAPは、従業員の勤労意欲やプライド、帰属意識などを調査して独自の「従業員エンゲージメント指数」（EEI）を算出しています。EEIの値が上昇すれば企業と従業員の関係が良好であることを示し、低下すれば労使関係が悪化していることを意味します。

SAPの2018年版年次報告書によると、EEIが1ポイント上がると5000万～6000万ユーロの営業増益要因になるとされました。教育などにお金を投じて従業員満足度を高めることは業績に良い影響を及ぼすことを定量的に示し、人的資本の重要さを示そうとしたのだとされます。

もっともSAPも試行錯誤を続けているもようで、現在はこうした定量分析は開示していません。しかし、SAPに刺激を受けたエーザイが独自の情報を開示したように、他の日本企業の間でも人的資本の評価に関する試みは増えていくと思います。

人的資産への投資不足からの脱却

少し視点を変えますと、「人件費をいかにとらえるべきか」という議論は、日本経済の潜在成長率にも影響します。バブル崩壊を経て低成長から抜け出せない日本は、最悪期には潜在成長率がゼロ%近傍まで落ち込みました。その理由の一つとして、人的資産への投資が不足し、イノベーションが生まれにくくなったからだとする解説も聞かれます。

バブルが崩壊した1990年代以降の日本企業にとって、人件費はコストにほかならず利益を捻出するために削るべき対象でした。

厚生労働省によれば、企業が従業員の能力開発に支出する費用の国内総生産（GDP）に対する割合は、米国が2%超、欧州主要国が1%台であるのに対して、日本はわずか0・1%です。能力開発費を利益の圧迫要因ととらえていたからにほかならず、これではイノベーションが起こりにくくなり、潜在成長率も高まりません。

「人件費＝人への投資」という考えが会計・財務的に定着すれば、企業の株価形成だけでなく、日本経済の成長にも良い影響が出るのではないでしょうか。

東京大学の山口慎太郎教授は、2020年10月11日付「日本経済新聞」のインタビュー記事で菅政権への注文として、こう述べています。

「人間に対する投資を充実させることだ。教育の効果はすぐには見えないが、時間を経て必ず効果が出てくる。政治家は将来への投資がレガシー（政治的功績）になると考えて真剣に取り組んでほしい」

ESGのSの問題である人的資本は、マクロ経済的にも重要な意味を持っています。企業が統合報告書で開示する内容も、今後、注目の度合いが高まるに違いありません。

3 グローバル複合企業、ソニーの挑戦

ソニーの情報開示の特徴——ボリュームと重層構造

次の実例はソニーです。1970年に米ニューヨーク証券取引所に日本企業として初めて

上場したソニーは、商品の独創性だけでなく、四半期決算の導入や取締役会改革などの面でも、日本企業のフロントランナーです。ESGに関する情報開示でも範を示す存在になっています。

ソニーの情報開示の特徴は、ボリュームと重層構造にあります。2020年版を例にとりますと、まず「統合報告書」と銘打った60ページほどのリポートが発刊されています。さらに業績や財務諸表など株主を念頭に置いた情報開示については、「投資家情報」のセクションを参照するよう、ウェブサイトでガイダンスがあります。ESG情報については別途「サステナビリティ報告書」が用意されている旨の説明があります。

統合報告書を情報開示のポータル（入り口）と位置づけ、そこからシェアホルダーとステークホルダー、それぞれが必要とする情報源へと誘導するスタイルです。

こうした分冊方式は統合的な情報開示ではないのではないか、という批判もあります。しかし、あらゆる経営情報を何が何でも1冊にまとめ、結果として電話帳のように分厚いリポートを作っても、読み手が必要とする情報が埋もれてしまいます。

細かいデータはウエブの専門セクションに収納し、報告書そのものはトップメッセージや経営のストーリーを伝えることに重点を置くという方式は、有効です。

ソニーのようにモノづくりから映画・音楽のエンタメもあり、ゲームあり、さらには金融事業までを国際的に展開しているグローバル複合企業は、「1冊にまとめる」ことにこだわりすぎると、経営の全体感が分かりにくくなる弊害もあるでしょう。

情報の置き場所を分けることにより自社のイメージをすっきりと描き出すソニースタイルは、ESG時代の情報開示の方向性の一つを示していると思います。

存在意義と価値観

中身を見てみましょう。

まず、情報開示のポータルである「統合報告書」です。正式な名称はCorporate Report 2020。先ほども述べた通り、全63ページと非常にコンパクトなつくりです。その冒頭に余白を十分にとって説明されているのがSony's Purpose & Values。「ソニーの存在意義と価値観」です。

ソニーの存在意義は「クリエイティビティとテクノロジーの力で、世界を感動で満たす」。ソニーの価値観は「夢と好奇心」「多様性」「高潔さと誠実さ」「持続可能性」の4つであると記されています。

ソニーの事業領域はゲーム、音楽、映画、エレクトロニクス、イメージング＆センシング、金融と多岐にわたり、見方によっては寄り合い所帯です。それらがバラバラに運営されているのではなく、1つのパーパスのもとで有機的に統合されている企業だということを、報告書の冒頭で宣言しているわけです。

逆に、これがなければソニーは単に様々な事業に手を伸ばしている大企業であり、それぞれの事業が価値を打ち消し合う、コングロマリットディスカウントの懸念も生じます。米国の投資家が何度かソニーに子会社の分離上場を求めましたが、ソニーはそれを拒み、逆に事業統合というかたちを提示したのです。

パーパスとバリューズの項に続いて、吉田憲一郎最高経営責任者（CEO）のメッセージが7ページにわたって続きます。これだけで全体の1割強を占めます。同じ数字や事実を説明する場合でも、地の文の平板な説明より、肉声が感じられるメッセージのほうが説得力は増します。CEOや最高財務責任者（CFO）のメッセージが重視されるのも、近年の企業報告の大きな流れです。

もう一つ重要なことは、「繰り返し」です。吉田CEOのメッセージのタイトルは「人に近づき、世の中に感動を届け続ける」。パーパスとバリューズに出てきた「感動」という言葉が再び登場します。ここまで読み進めるだけでも、読者はソニーがどんな価値を生み出そうとしているのか、直感的に理解できます。

ちなみに、この「感動」という日本語は、ソニーの英文開示ではどんな言葉で表現されているのでしょうか？　答えはEmotionです。ソニーのパーパスは、Fill the world with emotion, through the power of creativity and technology。CEOメッセージのタイトルは、Getting Closer to People and Filling the World with Emotion。コングロマリットの解消を求める米国投資家との水面下での激しい攻防を考えると、ソニーの洗練されたメッセージの打ち出しは、ちょっと感動させられます。

話が横にそれました。本筋に戻りましょう。

マテリアリティ――重要なリスクの見極め

ESG情報を掲載した分冊「サステナビリティ報告書」は全163ページの大作です。その冒頭で示されている重要な考え方が「マテリアリティ」です。ESG投資に不可欠な重要概念なので、ここでソニーを事例に解説します。

ESGに関する情報は、Eならば二酸化炭素やごみの排出状況、Sは労働環境、有給休暇消化率、女性活用、そしてGは社外取締役の顔ぶれや人数、取締役会の開催状況など実に多岐にわたっています。いったいどこから手をつけてよいのか分からない企業も少なくありません。

とりあえず世の風潮に合わせて、電気の節約状況や平均賃金、男女の従業員比率、東京証券取引所のルールに沿ったガバナンス体制くらいを統合報告書で開示しておけばよいと考える向きも少なくないでしょう。

こうした考え方は、本物のESG投資家をひき付けたいと考える企業にとっては、まったくの逆効果です。

ESGというのは企業をとりまく非財務リスクを象徴する言葉なので、「二酸化炭素」や「女性活用」などの各論に機械的に落とし込む必要はありません。広く森羅万象に目を配り、自社のビジネスに重要な影響を与えそうな要素や出来事は何か、というリスクの見極めをしなければなりません。この重要なリスクの見極めが、マテリアリティです。「重要性」という訳語が充てられることもありますが、ポイントは経営陣がしっかり議論して、自社にとってのリスクを見極めるということです。

ESG投資家は、企業がビジネスにとっての重要な（material）リスクを見極めているかどうかを見ています。ですから、ＥＳＧ情報の報告書はマテリアリティについて書き込む必要があります。

ソニーはグループのマテリアリティを「最も重要」と「重要」の2段階に分け、それぞれ2項目、17項目を挙げています。

「最も重要」なマテリアリティは、「テクノロジー」と「人材」。「重要」なものには、「コーポレートガバナンス」や「リスクマネジメント」「情報セキュリティ」「税務戦略」などが入っています。さらに、合計19項目のマテリアリティについて２０１９年度の実績を数字を交えて説明し、今後の対応方針を記述する一覧表を作成しています。

個別の取り組みはどうかという点ももちろん重要ですが、ＥＳＧ投資家はこのような情報開示を概観することによって、企業がどの程度深く、リスクを認識し対応しようとしているのかを判断するのです。単に環境対策や社会貢献活動を載せるのが統合報告書ではない、ということがお分かりいただけると思います。

責任あるサプライチェーン

ソニーのマテリアリティのなかで、世界のグローバル企業にとっての共通の悩みと言える項目に注目してみましょう。もちろん環境問題は重要なのですが、それ以外に近年、ESG投資家が注目しているのが「責任あるサプライチェーン」です。

先進国の大企業は21世紀に入り、発展途上国や新興国に製造・販売の拠点を次々に築いてきました。グローバルサプライチェーンです。それらは網の目のように複雑に連なり、下請けの協力構造が2次から3次、さらに4次、5次と何層にも深く重なっています。そしていつしか、先進国の大都市にある本社からは末端の拠点で何が起きているか、まったく分からないという状態になりました。

途上国や新興国の労働の現場で深刻な人権侵害が起きても、経営トップがそれを把握しきれていない。そんな悲劇が起きています。第2章でESGヘッジファンドを解説した際に紹介した英小売ブーフーの低賃金労働も、一つの事例です。

2020年の世界を覆った新型コロナ禍も、ESG投資家がサプライチェーンの問題にいっそう関心を高めるきっかけになりました。業績が急速に悪化した先進国の大企業が、発展途上国や新興国の製造・販売拠点をリストラしたり、人件費をさらに削減したりする動きに出たからです。当然、しわ寄せは2次、3次、4次へと弱い立場の人たちに向かいます。

そんな実態を人権団体が告発し、ESG投資家と共闘して企業に改善を迫る例も増えています。「サプライチェーンの人権」は「脱炭素」と並び、ESGの2大テーマなのです。

グローバル企業であれば当然のこととして、取り組まなければなりません。

ソニーはサステナビリティ報告書のなかで、サプライチェーンに関する2019年度の主な実績を挙げています。国内外の14社の事業所の実態を自己点検したほか、162社のサプライヤーの調査も実施。さらに、2次サプライヤーへの行動規範の遵守も要請しました。

今後の取り組みについては、3次以降のサプライヤーにも行動規範の遵守を浸透させる方針を掲げています。

この問題は、2020年9月にソニーが開催したESG/テクノロジー説明会でも焦点の一つになりました。「2次から3次、4次へとさかのぼって直接取引関係のないサプライヤーの実態を把握するのは難しい」といった率直な声が、会社側から聞かれました。ソニーの悩みは、国際展開するすべての日本企業に共通のESG課題です。

4　未来から構想する丸井

キーワードは「しあわせ」

２０２０年3月期まで11期連続の増益を記録した大手流通業の丸井グループは、経営戦略にＥＳＧを最も早く取り入れた日本企業としても知られます。

２０１６年にはＥＳＧ推進部を設立し、ＣＳＲ（企業の社会的責任）推進部や経営企画、ＩＲ（株主向け広報）の部門にまたがっていた関連業務を集め、株主やステークホルダーへの情報発信を強化しました。

丸井のＥＳＧ経営の特徴は、「未来からの構想」にあります。どういうことか、説明しましょう。

丸井の経営は「共創経営」と呼ばれています。顧客、取引先、社員、将来世代、地域・社会、株主・投資家の6つのステークホルダーと共に企業を創っていく、という意味です。

２００５年4月から社長を務める青井浩氏は、ステークホルダー経営についてこう考えているそうです（「日経ＥＳＧ」２０２０年1月号インタビューより）。

「お客様も変わったし、時代も変わった。企業も文化を変えていかないといけない。自分たちの利益のことばかり考えるのではなく、お客様をちゃんと見てお客様を主語に語る会社にならなければいけないと」

「中長期で戦略をつくり、企業風土と文化をつくり、そこから独自の価値をつくって他社に真似されない盤石な価値をつくりたいと思ってやって来ました。ESGも一朝一夕にできるものではありません。企業風土や文化に根付いた社会との関わりが、実際のビジネスやインパクトとして現れ、業績に還元されるものなのです」

「ステークホルダーの共通する利害を利益としか呼べないのは、仕事の面しか見ていない気がします。そこに人生が入ることで初めて意味が出て、みんなが共感できるようになる。人生が入ってくるとしあわせになる」

青井氏が社長に就任する前の2003年に丸井は人事制度改革があり、子会社に多くの社員を転籍させたり、短期的な成果を重視する人事評価制度に変えたりしたそうです。その結果、会社と社員の信頼関係が損なわれ、会社のなかがギスギスした雰囲気になっていました。さらに、就任して間もなくリーマン・ショックにも見舞われ、会社は存亡の危機に立たされます。

その時に思い至ったのが「ESG経営」だったといいます。2015年には統合報告書「共創経営レポート　2015」を発行し、その説明会を同年12月に開催しています。ここで青井社長が強調した考え方も「しあわせ」です。

「日本の社会が『モノの豊かさ』から『ココロの豊かさ』を求める時代に変化する中、お客さまの『しあわせ』のあり方が変わってきています」（統合報告書より）

まず、変わりゆく社会をしっかりと見すえ、そこに生きる個人一人ひとりの幸福感を高めるにはどうしたらよいか。それが丸井のビジネスを貫く哲学となりました。

「ビジョン2050」

社会の変化を予想するために丸井がつくっているのが「ビジョン2050」です。文字通り、2050年にどのような社会が生まれているかについての丸井の未来予想です。次のようなものです。

①「私らしさ」を求めながらも、「つながり」を重視する世界…ダイバーシティの推進により、高齢者、LGBT、外国人や障がいのある方など、すべての人が当たり前のよ

うに「私らしさ」を追求でき、「マイノリティー」という概念がなくなる世界中の中間・低所得層に応える

②グローバルな巨大新市場が出現する世界…「世界の超富裕層 対 中間・低所得層」という構図の社会が訪れる。世界中の中間・低所得層に共通した社会的ニーズや課題、教育・医療・金融・消費サービスなどのさまざまな事業機会が生まれ、グローバルな巨大新市場が出現する

③地球環境と共存するビジネスが主流になる世界…地球環境と共存するビジネスだけが生き残れる世界が訪れる。自然の力を活かす再生可能エネルギーの利用や、資源の無駄を利益に変える「サーキュラーエコノミー」が当たり前になる。将来世代の人々は、購買行動や消費活動を通じて、地球環境と共存することを重視する

ややこじつけですが、社会構造の変化を予想している①はESGのS（社会）、グローバルな市場構造のあり方を述べている②はG（ガバナンス）、そして環境問題に言及する③は言うまでもなくE（環境）です。

未来からの逆算にもとづく経営

2050年にこのような世界が到来するとすれば、現在の丸井はいかなる戦略を取り、どんな布石を打っておくべきか。丸井のESG経営はそんな未来からの逆算にもとづいて組み立てられています。

まずは、E（環境）です。

丸井は2019年3月期の有価証券報告書に、気候関連財務情報開示タスクフォース（TCFD）の提言に対応した情報を掲載しました。企業はTCFDを有報とは別の環境報告書などに載せるのが常だったのですが、法定の有価証券報告書の一部に取り込むことにより情報の信頼性を高める狙いがありました。環境を重視する丸井の本気度を投資家に訴える効果もありました。

また、世界中の機関投資家が署名している国際環境組織CDPは、環境対策が最も優れている評価を意味する「気候変動　Aリスト」企業の一社に、丸井を3年連続して選んでいます。

TCFDへの取り組みのほか、サプライチェーン全体の二酸化炭素排出量が6年連続して減少しているなど、具体的な取り組み実績が考慮されたようです。

次に、S（社会）の構造変化への対応はどうでしょうか。

古くから自前のクレジットカード事業を持っていた丸井は、金融の知見も蓄積されていました。それを生かして2018年にはtsumiki証券を設立。主に投資の初心者や未経験者向けに投資信託の積み立て投資に特化した金融サービスです。世界に出現する巨大な中間・低取得者市場を意識したビジネスと言えます。

さらに、ESGのS課題にあたる多様性の実現策を見てみましょう。

2018年12月に丸井は、日本の小売業として初めて国連の定める「LGBTIの人々に対する差別解消への取り組み」企業のための行動基準に賛同しました。

労働協約に「性自認、性的指向を理由に差別的取り扱いをしない」という文言を入れたり、グループ人権方針には「性別、性自認、性的指向などによる差別を排除し、個人の人格と個性を尊重する」と明記したりするなど、ダイバーシティへの配慮にも力を入れています。

従業員の多様性は、きめ細かい営業戦略や商品の仕入れ、テナント選びなどに生かすことができます。その意味で丸井にとって多様性は、経営戦略そのものです。

未来から逆算する丸井のESG経営は、社員の働くモラルを向上させ、ブランド力を増大させます。従業員のモラルの高さは労働生産性、ブランド力の高さは利益率という財務指標の改善に結びつきます。丸井は、こうした非財務情報の財務情報への転換を実現させている企業と言えます。

2020年3月期決算は1・5%の減収ながらも1・8%の営業増益を達成しました。ESG経営の真価が逆風のなかでこそ問われるとすれば、丸井はそれを端的に示す事例です。

5　ナイキとアップル、サプライチェーンを変える

ブランド危機──問われたベストプラクティス

サプライチェーンの問題をもう少し掘り下げましょう。

企業が世界に張り巡らせたサプライチェーンの抱えるリスクが資本市場で認識されるきっかけをつくった企業は、米国のスポーツ用品大手ナイキです。

一目で分かる「スウッシュ」マークや、人気バスケットボール選手とタイアップした「エアジョーダン」で1990年代に世界的な人気を得たナイキですが、その背後でサプライチェーンリスクが膨らんでいました。

1992年に「ハーパーズ・マガジン」がナイキの下請け工場で働くインドネシア人女性が、きわめて安い時給で働いている実態を告発しました。これを皮切りに、1993年から96年に「ニューヨーク・タイムズ」や「フォーリン・アフェアーズ」「エコノミスト」「ライフ」など米英の有力メディアが相次いでナイキの下請け工場の劣悪な労働環境を批判的に報じていきます。

これに対するナイキの対応はどうだったでしょうか？

米ハーバード大学のヘンダーソン教授の著書によれば、ナイキのアジア担当副社長がこう言ってのけたそうです。

「そもそも製造についてはよくわかりません。われわれはマーケッターであり、デザイナーなのです」

また、インドネシア・ジャカルタ在住のマネジャーの言い分はこうでした。

「彼らは下請け業者であり、『労働規則違反の申し立て』の調査は、われわれの範疇ではありません」「われわれはここにやって来て、何千人もの仕事がなかった人たちに仕事を与えたのです」

おそらく、法律的にはナイキがサプライチェーンの下請けの労働環境に責任を持つ義務はなかったのでしょう。しかし、人気とは裏腹の傲慢な会社の姿勢に消費者の間から批判的な声が強まり始めます。圧倒的な人気と需要にもかげりが見えてきました。何よりも打撃だったのは、ナイキを搾取や児童労働などと関連づける報道の多さでした。

問われていたのは、それが合法的か否かではなく、ベストプラクティス（最善の行為）かどうか、でした。低賃金の下請けを最大限に使って利益を得るビジネスは、株主のためにはなっても、市民社会の尊敬を得ることはできません。結果としてブランド価値は下がり、収益力の低下を招き、株主のための経営責任さえ果たすのが危うくなったのです。

ナイキの創業経営者であるフィル・ナイト氏が事態の深刻さを認識したのは、1998年5月のこと。そこから同社は第三者機関によってサプライチェーン全体の実態に目を光らせるようになります。今では、ナイキと言えばNGOなどのサステナビリティ調査で優秀会社の上位に名前が出る常連となりました。

ナイキの変身は、良きグローバル企業は下請けや協力会社を含め、サプライチェーン全体に責任を持つべきであるという規範を打ち立てました。これを2000年代に台頭したSRI（社会的責任投資）投資家が支持し、現在のESG投資家に引き継がれていきました。

責任あるサプライチェーンの一つの到達点

そうした市場の力に押される形で、「責任あるサプライチェーン」の考え方は他の企業にも急速に広がりました。

その一つの到達点を示す企業が米アップルです。2020年7月の「2030年までにサプライチェーン全体の二酸化炭素排出をネットでゼロにする」という発表は、世界中のESG投資家を驚かせました。

ちょうど米大手IT企業のトップが出席する米議会の公聴会に市場の関心が集まっていた時期だったため、アップルの脱炭素宣言に注目する向きは少なくありませんでした。しかし、筆者が日ごろから話している欧州の投資家や環境団体は、「画期的なこと」と興奮気味に語っていました。

どういうことでしょうか。

企業の脱炭素の取り組みは3つの段階（スコープ）に分けて考えるのが普通です。

スコープ1は、自社の生産活動に伴って排出される二酸化炭素を抑制したり、ネットでゼロにしたりする段階。

スコープ2になると、生産活動に伴う電力使用を通じた間接的な排出が対象になります。

そして、スコープ3は、原材料の仕入れや下請けの組み立て、販売など自社以外のすべてのサプライチェーンを含めて脱炭素を目指します。

段階が上がれば難しい取り組みが求められ、スコープ3のネットゼロを宣言したのは大企業としてはアップルが初めてだったと見られます。

アップルはすでに自社での消費電力はすべて再生エネルギーでまかなっており、サプライヤーに対しても同様の取り組みを促したわけです。省エネの支援投資や電子部品のリサイクル強化。脱炭素のアルミニウム精錬工法の開発後押しや、さらには森林保護などできることはすべてやる姿勢を強く打ち出しました。

この発表の後、アップルはESG投資家に買われ、時価総額世界一の座に返り咲くことができました。サプライチェーン全体に責任を持つ姿勢が、株主利益にもかなうことを示す端的な事例とも言えます。

他社の取り組みを刺激

アップルの事例は、他社をおおいに刺激しているようです。

2020年11月、米化粧品大手のエスティローダーは、自社の事業で温暖化ガス排出のネットゼロを達成しました。再生可能エネルギープロジェクトへ投資したり、太陽光発電装置を建設したりしたそうです。

そのうえで、削減目標をサプライチェーン全体に拡大。2030年までにスコープ1とスコープ2の温暖化ガス排出量を、2018年に比べて5割減らすといいます。スコープ3でも、商品購入や輸送、出張などの分野で2030年までに60％の削減を目指すそうです。

日本企業の例も紹介しましょう。

花王の「持続可能なパーム油」という考え方は注目すべきです。パーム油は、加工食品やバイオディーゼル燃料、洗剤原料などに使われ、世界で最も消費されている植物油です。インドネシアやマレーシアで生産されるアブラヤシのパーム果実から採取されます。

しかし、残念なことに農園開発における森林破壊や農園で働く労働者の労働環境などが、大きな社会問題になっています。パーム油は、ＥＳＧのＥ（環境）とＳ（社会）の2つの問題を抱えています。

そうしたパーム油の調達にあたって、花王は油脂製品製造・販売のアピカルグループ、プランテーション会社のアジアンアグリと共同で、インドネシアの小規模農園の生産性向上に取り組む方針を発表しています。

具体的には、2020年から2030年にかけて、小規模パーム農園に対して農園管理の技術指導を実施する一方、安全な作業方法の教育を行い、ヘルメットや手袋といった安全対策器具を支給していく方針です。

開発を担当するのは花王ではなくサプライチェーンの協力会社ですが、原材料を仕入れる大企業は末端に至るまでの生産現場の責任から逃れられる時代ではありません。

繰り返しになりますが、法的な責任があるかどうかではなく、グローバル企業として最善の取り組みかどうかを、ESG投資家は問うているのです。

「責任あるサプライチェーン」は、企業活動のグローバリゼーションが育んだ考えです。

6　あまりに違う米エクソンと英BP

苦境の象徴――ダウ構成銘柄から脱落

ESG投資の中心的なテーマが地球温暖化であり、多くの企業が温暖化ガスの排出抑制を競う様子はすでに見ました。温暖化ガスの大きな排出源である石油産業にとっては、試練の時です。

巨大な年金基金がダイベストメントを進めているために株価は低迷。代替エネルギーなどのベンチャーにESGマネーが集まっているため、市場の至るところで時価総額の逆転劇が見られます。世界の石油会社は生き残ることができるのでしょうか？

ESG時代の石油会社の苦境を象徴するのが、米エクソンモービルです。かつては時価総額世界一の企業でしたが、2020年6月末に電気自動車（EV）メーカーのテスラに抜かれてしまいました。さらに、同年10月には風力・太陽発電最大手のネクステラ・エナジーにも追い越されました。

エクソンは、米ダウ工業株30種平均を構成する銘柄としては、採用年が1928年と最古の企業でした。しかし、その老舗の座も2020年8月の銘柄入れ替えで失うことになりました。事実上、エクソンの替わりとしてダウに組み入れられたのは、クラウドの顧客管理を主力とするセールスフォース・ドットコムです。

石油の世紀だった20世紀を代表する巨大企業から、「21世紀の石油」と言われるデータを扱う企業への銘柄入れ替えは、産業構造の転換を鮮やかに映し出します。

また、巨大な製造設備を持たないIT（情報技術）企業は温暖化ガスの排出量が相対的に少ないため、環境問題を重視する投資家の資金が向かいやすいとされます。米株式市場の往年の主役企業のダウ除外は、ESG時代の市場の一断面と見ることもできます。

世界の他の石油企業はどうでしょうか？　脱炭素の流れのなかで需要が低迷しているうえに、ESG投資家の視線も厳しさを増すばかり。市場の重圧をはね返すための取り組みの事例を探してみましょう。

ESGマネーが促した変身

前向きの動きが目立つのが英BPです。同社は、2050年までに温暖化ガスのネット排出量をゼロにするカーボンニュートラル宣言をしています。2030年までに事業内容を見直し、石油・ガス生産量を40%削減するとの目標も掲げています。さらに現在産油国でない国での石油・ガス採掘を禁止することも決めたことにより、石油・ガスの上流生産量を2019年の日量260万バレルから150万バレルに減少させる計画です。

クリーンエネルギーの開発にも積極的です。デンマークの風力電力大手オーステッドと組み、ドイツでグリーン水素生産工場を共同建設する計画を検討しています。2024年までの運転開始を見込んでいるといいます。

やや横道にそれるのですが、良い機会なので「水素は色によって分類されている」という話をします。水素技術の開発に力を入れているドイツでよく使われる言い方のようです。具体的には次の通りです。

○グリーン：再生可能エネルギー由来の電力で水を電気分解し生成される水素

○ブルー：二酸化炭素（CO_2）回収・貯蔵プロセスで生成される水素。CO_2の回収の過程で発生するため、CO_2の排出は伴わない

○ターコイズ：メタンの熱分解によって生成される水素。熱分解装置が再生可能エネルギーで運転される場合は、CO_2排出とは無関係

○グレー：化石燃料を原料とし、生成過程で大量のCO_2が排出される水素

ドイツは水素社会への転換をコロナ後の成長戦略の柱の一つとしてとらえており、国家水素戦略のなかでも長期的に持続可能なエネルギーは「グリーン」だけだと記しています。

BPの計画では、電気分解装置の電力はオーステッド社の洋上風力発電所の再生エネルギーでまかなう予定なので、そこで生成される水素もドイツ基準を満たした「グリーン」だということになります。

「脱炭素が進む世界のエネルギー需要を満たすうえで、水素はますます大きな役割を果たすようになる。我々はこの将来有望な産業をリードする存在になりたい」

BPのガス・低炭素担当上級副社長デブ・サニヤル氏は、計画発表文のなかでこう述べています。世界を代表する石油会社の脱石油宣言にも聞こえます。ESGマネーが促した企業の変身としては、最も大胆なものの一つではないでしょうか。

BPはもともとブリティッシュ・ペトロリアムという社名で、米社との合併でBPアモコとなり、2001年に社名をBPとしました。新社名には「英国の石油会社」(British Petroleum)ではなく、「石油を超えて」(Beyond Petroleum)の意味が込められているそうです。

ドイツのグリーン水素事業で組むデンマークのオーステッドも、元の社名は「DONG(デンマーク石油・天然ガス)エナジー」で、欧州有数の石炭火力発電会社でした。環境意識の高まりを受け、2017年に石油・ガスの生産事業を売却。これに伴い、19世紀デンマークの著名な物理学者にちなみ、社名を変えました。2023年までに完全に石炭使用をやめると宣言しています。

オーステッドがESG投資家の人気を集めているのは、言うまでもありません。株式の時価総額で日本の電力大手10社を上回ったこともあります。2019年に日本にも進出。東京電力ホールディングスと共同出資会社を設立し、アジア太平洋地区での洋上風力発電事業にも乗り出そうとしています。

本節の冒頭で触れた米エクソンは、政治との距離が近い企業として有名です。多額の資金をロビイングという、政治家への合法的な働きかけに使い、環境規制が厳しくなりすぎないよう求めてきました。同社の最高経営責任者（ＣＥＯ）だったティラーソン氏がトランプ政権の国務長官を一時務めるなど、ワシントンとの強く太いパイプがありました。その政治力の強さが、脱炭素時代の変化を阻んでいるのです。

政治に庇護を求めてきた企業と、変革の道を歩む企業。ＥＳＧマネーがどちらを選ぶかは明らかです。

第4章

インフラが変わる

【第4章はやわかり】

本書の狙いは、ESGを分かりやすく解説するとともに、それがグローバルな資本市場のエコシステムをいかに変えつつあるかを概観することです。第2章では投資家の動向、第3章では企業の変化を探りました。

第4章では、市場が円滑に機能するうえで欠かせないインフラを提供している様々な主体に光を当てようと思います。過熱気味のESG投資が一時のブームに終わらないようにするためにも、しっかりしたインフラの構築が欠かせません。

インフラ提供者として、ここでは証券取引所や会計基準の設定主体、金融監督者などを取り上げます。

テック企業が多く上場する米ナスダックは、女性や性的マイノリティを取締役に積極的に加えるよう促しています。取締役会の多様性を求める投資家の声が強いからです。多様性は競争力の源泉という考え方にもとづくものです。

証券取引所が売買の場を提供するだけの存在から、売買対象である企業の経営や情報開示に、ある程度関わり始めたと見ることもできます。証券取引所が上場企業にどこまで関わるべきか議論が分かれるところですが、自市場に上場している商品としての企業の品質を向上させるという意味では、ある程度の関与は許されるのかもしれません。

ナスダックは、国連関係団体の主導で２００９年に設立された「持続可能な証券取引所イニシアチブ」（ＳＳＥＩ）の創立メンバーの一つです。もともと企業のＥＳＧ課題に関心を寄せていたのでしょう。ナスダックの方針は今後、ＥＳＧ情報の開示に熱心なアジア新興国の証券取引所に広がる可能性もあります。

２０２１年のグローバル資本市場で最も注目すべき点の一つが、ＥＳＧ関連の情報開示基準づくりです。すでに米サステナビリティ会計基準審議会（ＳＡＳＢ）や英国際統合報告評議会（ＩＩＲＣ）が、企業の環境や社会問題への対応について開示基準をつくってきました。さらに、国際会計基準（ＩＦＲＳ）づくりを進めるＩＦＲＳ財団も、ＥＳＧ対応の新組織を設立する考えを表明しています。

乱立気味のＥＳＧ情報開示が収斂しないと投資家と企業は混乱するだけです。会計インフラの整備が急がれます。日本の市場関係者は、そこに自国の意見をきちんと反映させるよう努めるべきです。

環境問題は、金融システムにも影響を及ぼします。金融庁は気候変動問題が経営に及ぼす影響について、銀行に分析を促しています。欧州では、環境目標の達成に応じて金利が変動する債券を金融調節での買い入れの対象に加えました。さらに、量的緩和（QE）の一環として、環境債を買い入れるグリーンQEの構想も浮上しています。

日本では、東京を国際的な金融センターにする運動も始まっています。日本以外の諸国では、国際金融センターの最大の売り物はESGです。シンガポール金融当局は世界自然保護基金（WWF）と協力し、もともと強いフィンテックも組み合わせ、金融市場としての競争力を高めようとしています。

欧州連合（EU）から離脱した後の成長戦略を描く英国も、「グリーンファイナンス」を金融街シティー・オブ・ロンドンの新たな売り物にする方針です。全企業へのTCFDの義務付けなど野心的な取り組みも始まりました。

1　旗振り役はナスダック

証券取引所の3つの機能

伝統的な証券取引所は主に3つの側面で、市場インフラの役割を果たしてきました。

1つ目は、投資家に安全かつ迅速な取引の機会を提供することにより、株価という企業の市場価値をつける機能。いわゆる、価格発見機能です。

2つ目は、取引を通じて形成された価格を市場参加者にあまねく知らせること。すなわち、情報の伝達機能です。

そして、3つ目は、公正な取引が行われているかどうか目を光らせ、必要なルールをつくる規制監督の機能です。新規上場の基準をつくったり、必要な情報開示の要件を設けたりすることによって、市場の質を高く保つ役割も負います。

ニュースになりやすいのは、1つ目と2つ目の機能が止まった時です。2020年に東京証券取引所の売買システムがダウンし、取引が終日できなくなってしまいました。トップは引責辞任しました。インフラとしての証券取引所が担っている公的役割の重さを考えれば致し方ないとの見方もあります。

ＥＳＧとの関連で注目されるのは、３つ目の機能です。伝統的な証券取引所は、主に市場で違法な取引が行われていないかどうかを監視することが主な務めでした。現在は一歩踏み込み、市場においてベストプラクティスが達成されるよう促す役割も果たすようになっているようです。

女性やマイノリティの取締役への登用を促す

米証券取引所ナスダックは２０２０年12月、上場企業に対して女性やマイノリティを取締役に登用するよう促す方針を明らかにしました。

具体的には、最低1人の女性と、最低1人の黒人など人種的マイノリティかＬＧＢＴ＋と呼ばれる性的マイノリティを取締役として任命し、開示するよう義務づけたのです。女性とマイノリティ取締役がいない企業は最悪の場合、ナスダック市場の上場が維持できなくなる可能性もあるといいます。

ナスダックは法律で求められている以上の義務を課すことにより、「女性の登用」や「ダイバーシティの促進」という方向へと、企業を誘導しようとしているのです。「ニューヨーク・タイムズ」紙とのインタビューで、ナスダックのアデナ・フリードマン最高経営責任者（CEO）自身も「異例のこと」と述べています。

証券取引所が企業経営にどこまで踏み込むべきかについては、様々な意見があります。フリードマンCEOは「本来は米証券取引委員会（SEC）がこうしたルールをつくるべき」とも要望しています。米国のなかでも「ウォール・ストリート・ジャーナル」紙は、ナスダックの取り組みに批判的な論調です。

しかし、ESG投資が存在感を高めるマネーの世界において、ダイバーシティの向上が市場の質を維持・向上させるうえで欠かせない要素であることは、確かなようです。

ナスダックは、投資家向けにESG関連のデータを提供する「ナスダックESGフットプリント」というサービスも持っています。世界中の様々なメディアや環境・人権団体、研究機関から温暖化ガス排出量や再生可能エネルギー利用率、児童労働への関与、取締役のダイバーシティなどの情報を収集し、投資家に提供するのです。

これ以外にもナスダックは、グリーンボンド市場の透明性を高めるグローバルプラットフォーム「ナスダック・サステナブルボンド・ネットワーク」や、上場企業がサステナビリティ報告書を発行しやすくするためのプラットフォーム「ナスダック・ワンリポート」なども始めています。

なぜ証券取引所がESGに積極的なのか

ナスダックがＥＳＧに熱心に取り組む背景に、米ニューヨーク証券取引所（ＮＹＳＥ）との市場間競争があることは、間違いないでしょう。

ＮＹＳＥはどちらかと言えば保守的な考え方の重厚長大企業が多く、ナスダックは先進的なＩＴ企業向けの市場というイメージがあります。ＥＳＧという新しい投資の潮流も、先進性を売り物にするナスダックのほうが受け入れやすいのでしょう。

もっとも、米国でも起業の世界は男性優位で、シリコンバレーの企業で女性が活躍の場を得るのは簡単なことではありません。セクハラも時折、表面化します。ナスダックのＥＳＧシフトは、シリコンバレー的な問題を解決する必要性にもかられた戦略でしょう。

ナスダックほどではなくても、証券取引所がＥＳＧ普及の旗振り役を務めるのはさほど珍しいことではありません。

「持続可能な証券取引所イニシアチブ」（Sustainable Stock Exchange Initiative：ＳＳＥＩ）という組織をご存じでしょうか？　国連の責任投資原則（ＰＲＩ）事務局、国連貿易開発会議（ＵＮＣＴＡＤ）、国連グローバル・コンパクト、国連環境計画・金融イニシアチブ（ＵＮＥＰ－ＦＩ）が音頭を取って２００９年に設立された、世界の証券取引所の連合体です。目的は、ＥＳＧ投資の普及です。

ここで第1章第1節を思い出してください。ＥＳＧのうねりは国連が主導する形で始まったものであり、直接の起点は２００６年にＵＮＥＰ－ＦＩと国連グローバル・コンパクトが発表した責任投資原則（ＰＲＩ）だったと述べました。それに先だってＵＮＥＰ－ＦＩは資産運用ワーキング・グループ（ＡＭＷＧ）を設置し、世界中の資産運用会社から意見を募りました。

ＥＳＧとは当初から投資のためにつくられた概念であり、その普及の後押し役を期待されたのが、企業と投資家に影響力を行使できる証券取引所だったのです。２００６年のＰＲＩ制定と09年のＳＳＥＩ設立は、国連がＥＳＧを推進するための車の両輪でした。

創設時のパートナーは、ブラジル、トルコ、南アフリカ、エジプト、そして米国のナスダックの5取引所でした。唯一の先進国メンバーだったナスダックが黎明期の組織運営を主導したことは、想像に難くありません。取締役のダイバーシティを上場要件に入れるという大胆な行動に出たナスダックは、昔から世界の資本市場のＥＳＧリーダーだったのです。

現在、SSEIには全世界の100余りの証券取引所が加盟しています。その合計時価総額は88兆ドル、上場企業数は5万3000社強にも及びます。これが、ESG投資が根づき育つための土壌の大きさでもあります。東京証券取引所を傘下に持つ日本取引所グループ（JPX）も、もちろん加盟しています。

熱心に取り組むアジアの取引所

SSEIは強制力を伴うメンバーシップではありませんが、各証券取引所は自国でのESG投資を促進する義務を負っています。

特に活動に熱心なのは、アジア新興国の取引所です。国が発展し、市場メカニズムを使って経済を成熟させていくためには、世界の年金基金や巨大機関投資家が動かすESGマネーを引きつけることが必要と判断しているからです。

例えば、SSEIメンバーのなかでESG関連の情報開示を上場の要件としている証券取引所は24あります。このうち10市場はアジアの証券取引所です。具体的には、香港、インド（2カ所）、インドネシア、マレーシア、フィリピン、シンガポール、タイ、ベトナム（2カ所）です。

東南アジア諸国連合（ASEAN）の主要国が顔をそろえているのは、1997年から98年にかけてアジア通貨危機で経済が大きな打撃を受け、長期の投資基金を呼び込む重要性がよく分かっているからです。

また、これらの国・地域は、森林伐採による環境破壊やサプライチェーンの過酷な労働など、ESG投資家が批判する問題が山積みです。証券取引所が問題解決に動く姿勢を見せることは、グローバル投資家への良いアピールになります。

日本の立ち位置

日本の状況はどうでしょうか？　アジア各国のようにESGの情報開示が上場要件になっているわけではないものの、上場企業に課す「コーポレートガバナンス・コード」にはESGの尊重がうたわれています。同コードが導入されたのは2015年。その後に改訂されていますが、ESGは導入当初から言及されています。

「上場会社には、株主以外にも重要なステークホルダーが数多く存在する。これらのステークホルダーには、従業員をはじめとする社内の関係者や、顧客・取引先・債権者等の社外の関係者、さらには、地域社会のように会社の存続・活動の基盤となる主体が含まれる。上場会社は、自らの持続的な成長と中長期的な企業価値の創出を達成するためには、これらのステークホルダーとの適切な協働が不可欠であることを十分に認識すべきである。また、近時のグローバルな社会・環境問題等に対する関心の高まりを踏まえれば、いわゆるESG（環境、社会、統治）問題への積極的・能動的な対応がこれらに含まれることも考えられる」（コーポレートガバナンス・コード【基本原則2】「考え方」）

2015年は、日本の年金積立金管理運用独立行政法人（GPIF）がPRIに署名したり、国際的にはパリ協定が締結されたりと、ESGのビッグバンとも言える年でした。そのうねりのなかで東京証券取引所も動いていました。

改めて読みますと、日本企業のステークホルダー主義へのこだわりの強さが実感させられます。ESGも日本的な経営思想に適合しやすいはずです。だからこそ、理論と実践を通じて世界に日本市場の魅力をもっと発信しなくてはいけません。この点は後の章で取り上げます。

2　会計外交、再び

ESG情報開示の統一ルールづくり

ESGマネーが環境や社会問題に配慮し、ガバナンスもしっかりした企業に流れるためには、ESGに関連する経営情報が正確に開示される必要があります。第3章で説明した統合報告書は情報開示の重要なツールですが、そこにどんな個別の情報をどのように開示すべきかについては、統一された決まりがあるわけではありません。

ESG情報を開示するための統一ルールをどのようにつくっていくか。この課題をクリアしない限り、ESG投資は長続きしないでしょう。

環境問題を重視するバイデン新大統領のもとでは、米国を中心にESG投資の流れがさらに加速すると見られています。トランプ大統領は二酸化炭素を多く排出する化石燃料の業界とつながりが深かったため、環境問題を厳しく問うESG投資には否定的でした。

バイデン氏の米大統領選勝利を受け、ESG運用を促す国連の責任投資原則（PRI）で最高責任者を務めるフィオナ・レイノルズ氏は、「おめでとうございます」と祝意を表した

表 4-1　SASB マテリアリティマップの一例

		消費財	金融	インフラ
環境	エネルギー管理	○		○
	水および排水	○		○
社会関係資本	データセキュリティ	○	○	
	販売慣行・製品表示		●	
人的資本	従業員の安全衛生			●
	授業員参画、	○	○	
ビジネスモデル	サプライチェーン	●		
	気候変動の影響		○	○
ガバナンス	事業倫理		●	○
	システミックリスク管理		●	○

[注]　●＝セクター内でその課題が重要な産業が5割以上
　　　○＝セクター内でその課題が重要な産業が5割以下
　　　無印＝セクターにとって重要な課題ではない
[出所]　三菱 UFJ リサーチ＆コンサルティングの翻訳を参考に抜粋、要約

ほどです。

環境・社会問題に関する開示基準づくりは、米国のサステナビリティ会計基準審議会（SASB）、英国の国際統合報告評議会（IIRC）、オランダのグローバル・リポーティング・イニシアチブ（GRI）など民間の5団体が別々に進めてきました。環境問題に限れば、公的組織である金融安定理事会（FSB）の進める気候関連財務情報開示タスクフォース（TCFD）もあります。

SASBが投資家を意識したマテリアリティ（重要性）を重視。GRIは消費者や労働者向けの開示項目も多い、といった違いがあります（表4−1）。

様々なアルファベットを組み合わせた諸団体が、それぞれにルールをつくる様子に、投資家と企業は戸惑っていました。この乱立状態を「アルファベット・スープ」問題といいます。詳しくは後の章で解説します。

基準統合の動き

幸いなことに、バイデン氏の勝利と相前後して、基準統合の動きが出てきました。SASBなど5団体は、2020年9月に「包括的な事業報告の実現」に向けて連携すると発表しました。同月にはまた、国際会計基準（IFRS）をつくる国際会計基準審議会（IASB）の母体、IFRS財団が統一的なESG基準づくりをする新組織設立の提案を公表しました。12月末まで世界の会計・市場関係者から意見を募っていました。

関係者は素早く反応しました。証券監督者国際機構（IOSCO）は、SASBなど5団体やIFRS財団の動きを支持し、基準づくりで協力すると表明しました。世界最大の資産運用会社、米ブラックロックも「IFRS財団の提案が最も現実的」と声明を出しました。

日米欧の金融関係者の見方を総合しますと、英国で第26回国連気候変動枠組み条約締約国会議（COP26）の開催が予定される2021年11月が、大きな節目として意識されているようです。その時までにＩＦＲＳ財団が新組織の設立を正式に決め、ＳＡＳＢなど5団体やＴＣＦＤと提携する筋書きが有力です。新組織で基準づくりを議論する理事会メンバーの人選も並行して進めていくと見られます。

日本代表を送り込めるか？

焦点は、新組織の理事会に日本代表を送り込めるかどうかです。人材のパイプがなければ生の情報が入りません。日本では環境や社会に優しいはずのビジネスが国際的に認められない、といった事態も想定されます。ＥＳＧマネーを引きつけるのも難しくなり、金融市場の活性化を急ぐ日本の国益に照らして大問題となるでしょう。

２００1年のＩＡＳＢ設立時にも、自国代表を理事に送り込む競争には激しいものがありました。ＩＦＲＳ財団などに国際的に著名な政治家や財界人なども動員して働きかける様子は、「国際会計基準戦争」とも「会計外交」とも呼ばれました（表4－2）。現在はその第2幕が切って落とされているわけです。

２００1年に日本は中国や韓国に競り勝ち、ＩＡＳＢ理事会のアジア枠を取ることができました。これにより、２０００年代の会計改革に勢いがついたのです。

表 4-2　国際会計に関する主なできごと

1970年代	●73年に国際会計基準委員会（IASC）が発足
1980〜90年代	●証券監督者国際機構（IOSCO）が86年に発足し、87年からIASCの諮問委員会に参加
2000年代	●IOSCOが国際会計基準の信頼性を認める ●IASCが国際会計基準審議会（IASB）に改組 ●欧州連合（EU）が国際会計基準の使用義務づけへ ●「東京合意」で日本と国際基準の差異をなくす方針
2010年代	●10年3月期から日本で国際会計基準の任意適用 ●12年に東京オフィス開設

［出所］　筆者作成

今回も競争相手は中韓の二国です。特に中国は電気自動車（EV）への取り組みで先行するなど、アピールする点が多く、日本としても気を抜けません。中国は1990年代から国を挙げて会計人材の育成も進めており、英語を話せる会計士の数は日本をはるかに上回っているもようです。

会計・財務の知見を有し、環境や人権の問題に詳しい。英語の議論でも欧米人にも負けず、高い調整能力を有する――。金融庁幹部や会計事務所の要人と議論すると、こんな人材が求められているようです。ハードルは高いのですが、候補者がいないわけではなさそうです。性別や年齢にこだわらない、幅広い人選が国益にもかないます。

ＥＳＧを金融監督に応用する

会計とならんで、ＥＳＧを金融監督に応用する動きにも注意が必要です。フランスに「気候変動リスク等に係る金融当局ネットワーク」（ＮＧＦＳ）という組織があります。金融システム安定の観点から環境問題を協議するため、２０１７年12月に８つの中央銀・銀行監督機関で創設された集まりです。その後の２年間でメンバーが54へと急拡大したことからして、金融当局の関心の高さがうかがえます。日本の金融庁は２０１８年６月、日銀は19年11月に加わっています。

ＮＧＦＳはオランダ中央銀行が議長を出し、フランス中央銀行に事務局を置くなど、欧州色の強さが際立っています。スイスに本部を置くバーゼル銀行監督委員会もメンバーです。

さらに中国やシンガポール、インドネシアなどアジアの中央銀も熱心に参加しています。欧州とアジアの金融当局の結びつきという意味でも要注目で、新型コロナの問題がなければ２０２０年にはタイ・バンコクでカンファレンスが開かれる予定でした。

この節の前段で述べたＩＦＲＳ財団やＩＡＳＢも英国を拠点としているだけに、欧州連合（ＥＵ）の影響を受けているとされます。ＥＳＧ情報の開示基準をつくる新組織にもＥＵはパイプを築くと思われます。

グリーン・バーゼルも

以上の複雑な関係を鳥瞰すると、どんな可能性が見えてくるでしょうか。

ＥＵが影響力を行使するＥＳＧの新組織がつくる基準は、ＮＧＦＳを経由して、バーゼル委員会の銀行監督に使われるという筋書きです。自己資本比率規制に適用されるようであれば、銀行経営に与える影響は甚大です。

第1章第2節で紹介したＵＮＥＰ－ＦＩ特別顧問、末吉竹二郎氏の「経済教室」への寄稿を思い出してください。

「(ＵＮＥＰ－ＦＩと英ケンブリッジ大学は) 15年9月、国際的に業務展開する大手銀行を管理・監督する規制『バーゼル3』の見直しを提言した。バーゼル3は気候変動を考慮していない」

気候変動に伴う混乱に備えて、自己資本比率を厚く積ませる「グリーン・バーゼル」とも言える資本規制の提言です。今のところ金融監督の関係者にこの問いをぶつけると、皆さん一様に「まだ踏み込んだ議論はしていない」「中長期の課題」といった返答が返ってきます。２０２１年は中長期の課題の議論が始まるかもしれません。ＩＦＲＳ財団の新組織づくりとならんで、日本の監督当局の規制外交の手腕が問われます。

本章ではＥＳＧが「投資」の領域を超え、「金融システム」にも影響を及ぼすことを説明しました。２０２１年は、より幅広い分野の方々がＥＳＧに関わるようになるでしょう。

3　金融システムも「グリーン」

ＮＧＦＳの試算

２０２０年12月３日付の「日本経済新聞」朝刊９面に、こんな記事が載っています。記事の見出しとさわりを紹介します。

＊＊＊＊＊＊＊＊＊＊＊＊＊＊＊＊＊＊＊＊＊＊＊＊＊

◎気候変動リスク　銀行に分析促す　金融庁・日銀、災害急増で　融資先への助言も

金融機関に気候変動リスクへの対応を促す政策が国内でも始まる。金融庁は３メガバンクに今後30年を見据えた財務分析と対策を求め、日銀も金融機関の経営への影響を点検する。こうした政策は欧州が先行し、投融資の判断でも重要な役割を果たす。急増する自然災害への備えが金融機関の経営の健全性を左右する要素に浮上してきた。

国連防災機関（UNDRR）によると、気候変動による経済損失は2017年までの20年間で2兆2500億ドル（約230兆円）。その前の20年間に比べ2・5倍に拡大した。洪水やハリケーン、地震、山火事などで企業や自治体にも巨額の損失が発生した。金融機関が投融資を実行する際、損失を最小限に抑えるリスク管理が欠かせなくなった。

金融庁はまず3メガバンクに対し、気候変動が銀行の財務に及ぼす影響を調べるよう促す。具体的には気候変動に関する世界の金融当局ネットワーク「NGFS」が作成した予測シナリオを使って分析する。

＊＊＊

前節で紹介したNGFSがここでも登場しています。欧州色の強いこの組織は、着実に日本の金融行政にも影響力を強めています。

NGFSは、「早期に対策が進み気温上昇が2度以下に抑えられる」「現状以上の政策が導入されず熱暑になる」といった複数シナリオを出しています。3メガバンクはそれぞれのシナリオを前提に、今後30年で融資先の収益に与える影響を試算する見通しです。必要に応じて、予防的に引当金を積むとか、気候変動で影響を受けやすい企業への融資を抑制するといった対応にも迫られます。

NGFSは「温暖化への対応が遅れる場合は世界のGDPが2100年までに最大25%消えるインパクトがある」とも試算するなど、グローバル経済に強い警鐘を鳴らしています。これだけ影響を受けるとなると、金融システムや銀行経営も無傷で済むはずがありません。

気候変動リスクへの対応（ストレステスト）

気候変動のリスクは2つに大別できます。

一つは、温暖化による海面の上昇や台風など自然災害の巨大化によって、企業の事業資産や個人の持つ不動産が破損するリスク。もう一つは、温暖化の原因となる化石燃料の規制が進むことにより、企業の負担や事業の採算が悪化するリスクです。前者を物理的リスク、後者を移行リスクということもあります。

この分野で先行する欧州では、金融業界が気候変動リスクにどの程度持ちこたえられるかを測るストレステスト（財務健全性の審査）が始まっています。リスクが顕在化した時に発生する可能性のある損失の大きさや、資本の目減りの度合いなどをシミュレーションするのです。もし、資本の急激な減少が予想されるようであれば、増資などの手段で備える必要があります。

金融政策が脱炭素を後押し

欧州は金融政策も変わり始めています。欧州中央銀行（ＥＣＢ）は２０２１年から、企業の環境目標の達成度合いで金利が変動する債券をオペ、すなわち金融機関への資金供給の担保として受け入れることにしました。CO_2排出削減などの環境目標を達成すれば企業の金利負担が減り、低ければ金利負担が増える仕組みの債券が対象です。

オペ対象になれば銀行もこうした仕組み債に積極的に投資するでしょうし、企業の発行も増えることでしょう。金融政策が企業の脱炭素の取り組みを後押しする格好になります。

ＥＣＢのラガルド総裁は量的緩和（ＱＥ）の一環として、調達資金をクリーンエネルギーの開発などに回すグリーンボンドを買い入れることにも積極的です。

しかし、さすがにここまでくると、環境対応という特定分野に焦点を当てることが金融政策として適切かどうか、賛否は分かれています。中央銀行が特定の産業や業種への資金の流れを誘導する結果となりかねず、市場を通じた資金配分にゆがみが生じてしまいます。

一方で、環境問題を放置すれば金融システムが甚大な影響を被るのはほぼ確実です。グリーンボンド買い入れは中央銀行が「金融システム安定」という役割を果たすためのツールであるという主張にも一定の説得力があります。グリーンQEともいうべき金融政策が実現するかどうかは、2021年の国際金融の大きな焦点です。

グリーンスワンへの警戒

通常の経験からは予測できない危機を「ブラックスワン」といいますが、気候変動が引き起こす金融危機を「グリーンスワン」と名付けて、警戒を呼びかける向きもあります。名付け親は、国際決済銀行（BIS）です。グリーンQEの支持論者は、おおむね「グリーンスワン」シナリオを念頭に置いているようです。

環境問題を金融システムの問題としてとらえ最初に危険性を指摘したのは、英イングランド銀行（中央銀行）のカーニー前総裁でした。「気候変動が金融安定の決定的な問題となったときにはすでに手遅れかもしれない」。2015年9月のカーニー氏の講演で、金融機関は環境問題を真剣に考え始めました。

カーニー氏のお膝もとだけあって、英国は思い切った対応が目立ちます。

英銀大手ロイヤルバンク・オブ・スコットランド（RBS）は、低炭素化へのしっかりした計画を持たないエネルギー関連企業には、原則として投融資を段階的に打ち切る方針を発表しています。ＲＢＳの方針に影響を受け、英国では温暖化ガス排出の多い企業への投融資を見直す動きが相次ぎました。

カーニー氏は金融安定理事会（ＦＳＢ）の議長としても、気候変動対策の枠組みづくりに注力しました。マネーの力で経済の脱炭素化を後押しするには、投資資金の流れを左右する情報開示が欠かせません。

こうした問題意識から生まれたのが、企業の温暖化ガス排出抑制の戦略やリスク管理などを開示する「気候関連財務情報開示タスクフォース（ＴＣＦＤ）」です。

日本の企業統治改革の一環として導入された「投資家指針」（スチュワードシップ・コード）は、英国の事例を参考にしたものです。英国の最新のスチュワードシップ・コードには、機関投資家の責任として「環境、社会、ガバナンスの課題、そして気候変動」が挙げられています。ＥＳＧ投資を促進するだけでなく、特に「気候変動」を切り出したところに、切迫感がにじんでいます。

ＥＳＧのなかでも特にＥ（環境）は、Ｓ（社会）よりも金融システムへの影響が大きく、中央銀行などによる研究も進んでいます。このため、「ＥＳＧ」と並列させて考えるのは無理があるという意見も時折、聞かれます。
これが「ＥＳＧという言葉そのものはいずれ消える」と筆者が考える根拠の一つでもあります。

4　21世紀の金融センター

夢よ、もう一度

東京に世界中の銀行や証券会社、投資ファンドを集めて金融市場を活性化しよう。そんな「国際金融センター構想」が繰り返し語られています。過去には日本に世界一の金融センターがありました。１９８０年代後半、日本の株式市場の時価総額が世界一になり、米欧の金融機関が競って日本に進出してきたバブル期です。筆者もその時代に新聞記者になりました。見渡すと、国際金融センター構想の推進者のなかには同世代の方々も少なくないようです。「夢よ、もう一度」でしょうか（表4－3）。

最近は東京都の小池百合子知事が旗印を掲げ、政府がそれを後押ししています。

小池知事が最初に構想を打ち出したのは２０１７年６月です。有識者の提言を受けたかたちで、「東京版金融ビッグバン」の構想を発表しました。新興の資産運用会社や、金融とIT（情報技術）を融合したフィンテック企業の誘致・育成などが柱です。外資系金融機関の参入障壁とされる日本的な商慣行を見直すほか、税制・規制改革を包括的に進めるとしました。

同年末には英国の国際金融街シティー・オブ・ロンドンと金融振興で協力する合意書も交わしました。「新しい歴史をつくる新しい日だ」。駐日英国大使館での署名式に臨んだ小池知事の高揚した表情は、とても印象的でした。

菅義偉首相も国際金融都市づくりを重要な政策の一つに挙げています。自民党の甘利明税制調査会長は日本経済新聞社の「国際金融ハブと日本の役割」（2020年12月）で講演し、「ハードルを洗い出して対処する」「（海外人材を呼び込むために、相続税や法人税などの税制を）理に合った仕組みに変えつつある」などと強調しました。た

表4-3　世界の金融センターランキング

1	ニューヨーク
2	ロンドン
3	上海
4	東京
5	香港
6	シンガポール
7	北京
8	サンフランシスコ
9	深圳
10	チューリヒ

［出所］Z/Yen グループ

だ、政府の方針は必ずしも東京だけに照準を合わせたものではないようです。

菅首相は「日本経済新聞」などのインタビューで「東京の発展を期待するが、他の地域でも金融機能を高めることができる環境をつくりたい」と語っており、東京以外の都市を中心拠点とする意向も示唆しています（2020年10月13日付「日本経済新聞」）。

大阪府の吉村洋文知事は総合ネット金融グループのSBIホールディングスとの連携も視野に、大阪・神戸国際金融都市構想を練っています。また、福岡県でも、福岡市や地元企業など産官学で外資系金融機関の誘致を目指す推進組織ができています。

関係者の熱意は大変なものなのですが、聞こえてくる対応策は「税率の引き下げ」や「オフィス賃借料の優遇」「外国人の居住環境の整備」などハードに関するものばかり。国内外の有為の人材を集めて、何をしてほしいのか、どんな金融サービスを盛り上げたいのかといった中身の話は、十分に詰められていないようです。

アジアのライバルに伍せるか

政府が国際金融センターづくりに前向きになった直接のきっかけは、アジアを代表する世界的金融センターの香港で中国の影響力が強まり、民主主義勢力への弾圧の懸念が浮上したことです。自由を謳歌していた欧米の金融関係者が香港を出る動きが表面化したため、東京がその受け皿になってはどうかと考えたわけです。

当然、同じアジアのなかではシンガポールという強敵がいます。また、日本ではあまり知られていませんが、マレーシアのクアラルンプールも金融業の振興に力を入れています。イスラム教徒が多いため、宗教の戒律に則したイスラミック・ファイナンスという特殊な金融業のアジアのハブになることを目指しています。クアラルンプールに限れば英語がほぼ完全に通じるため、欧米に住むイスラム教徒の金融関係者にも人気がある場所です。

このように金融センターの覇権をかけた市場間競争に勝つには、ハードの優位だけでなく、金融業の特色をいかに出すかというソフトの戦略も必要になります。

競争に欠かせないESGの要素

前置きが長くなりました。なぜ、このような話をしてきたかというと、国際金融センターとして特色を出すうえでESGの要素は欠かせないと思うからです。

ディーリングルームで生き馬の目を抜くトレーダーたちが大金を動かす。会議室で企業のエグゼクティブがインベストメントバンカーと巨額の買収計画を練る。富裕層の私邸でプライベートバンカーが財産の保全や相続対策を検討する——。金融には華やかでちょっと秘密めいたイメージもつきまといますが、現代の金融センターには違う側面もあります。

2019年秋にシンガポールの金融イベント「フィンテック・フェスティバル」に出席したときのことです。

シンガポール通貨金融庁（MAS）が2016年から開催しているこの催しは毎年、5万～6万人が訪れるアジア最大のイベントです。スモークがたかれた会場はレーザーも飛び交い、金融関連の催しというより、さながらコンサートでした。

基調演説に立った人物は、環境NGO（非政府組織）として有名な世界自然保護基金（WWF）インターナショナルのパヴァン・スクデフ総裁です。「地球を救え」（Save the Planet）という標語が映し出されたスクリーンを背景に、30分にわたって温暖化阻止や環境保護を熱弁。起業家が多いと思われる若い聴衆は、熱狂的に応じていました。「ここは本当に金融の催しなのだろうか」と自問するほど、日本で一般的な金融カンファレンスとは様相が異なりました。

会場で配布された冊子では、政府関係者が「シンガポールは環境問題に真剣に取り組んでいる」「シンガポールをグリーンボンド発行のアジアのハブにする」「サステナビリティという価値観を世界に広げたい」などと語っていました。

　メッセージは明らかでした。シンガポールは自国金融市場の競争力は「ESG」なのだと宣言していたのです。

香港が求める厳しいESG情報開示

　香港でも、中国政府の「一帯一路」戦略を宣伝する催しものが盛んに行われていました。一帯一路は「現代のシルクロード」などとも呼ばれ、貿易やインフラ投資の面で中国と欧州の経済的なつながりを強めようという構想です。意外かもしれませんが、ここでもESGの投資家が登壇し、環境や人権問題を語る風景がしばしば見られました。

　香港取引所は、上場企業に厳しいESG情報の開示を求めることでも知られています。2016年から上場企業に対して関連報告書の提出を義務づけており、20年にはさらに詳細な気候変動リスクの報告を求めています。社会分野では「雇用」「健康・安全」「サプライチェーンマネジメント（供給網の管理）」といった項目ごとに改善計画を示すようにも求めており、従業員の性別や年齢、性別ごとの離職率なども明示させます。

　興味深いことに、香港取引所のESGに関する取り組みを北京政府は抑えつけようとはしていません。中国は独自の環境タクソノミー（分類）をつくり欧州への対抗を試みるなど、独自のＥＳＧ戦略を持っています。株価もおおむね堅調であり、環境関連のテック企業を上海や深圳、香港に上場させようと考えています。

中国大陸と欧米の中継地である香港市場の重要性は利用価値が高いと考えており、その取引所のＥＳＧ諸規制も今のところ尊重する構えのようです。

環境破壊や低賃金労働などＥＳＧ投資家が注視する問題の多くは、アジアで発生していいます。シンガポールや香港がＥＳＧ投資やサステナビリティ・ファイナンスに力を入れるのは、自国・地域の問題解決のためのＥＳＧマネーを欧米から引き込むためです。その切迫感が、官民を挙げて金融振興に向かわせているのです。

民主化の弾圧が投資家にも問題視されている香港の場合、ＥＳＧマネーを引き込んだ後の北京政府の対応は大いに見ものです。

日本の場合、「バブルよ、もう一度」の懐古趣味や「香港の金融人材の受け皿」という棚ぼた期待だけでは、どうにも迫力が足りません。21世紀の金融センターらしい特徴を打ち出す必要に迫られています。

5　グリーンに賭ける英国

シティーの難問

国際金融都市を目指す東京が有力なパートナーと位置づける英国の金融街シティー・オブ・ロンドンですが、あちらはあちらで難しい問題を抱えています。

英国の欧州連合（EU）離脱、すなわちブレグジットに伴ってロンドンが世界的に孤立し、金融街としての競争力が低下しかねないという懸念が強まっているのです。

シティーの強みは、何といっても米国と欧州大陸の間にあるという中継基地としての利便性でした。米ウォール街の金融機関は、経済統合を進めるドイツやフランスなど欧州大陸諸国への足がかりとして、ロンドンに統括拠点を設けていました。

ドイツやフランスの銀行は、米国の金融機関と取引したり、米国進出の態勢を整えたりするための拠点として、ロンドンを利用してきました。ロンドンという場所は、米国にとっての欧州、欧州にとっての米国だったのです。

ロンドンが利便性を持てたのは欧米に挟まれた大西洋の島国だという地理的な問題もあり

ますが、何よりも英国がEUの一員だったという要因が大きかったと思われます。

例えば、ゴールドマン・サックスやJPモルガン・チェースといった米国の金融機関は、英語が通じる英国ロンドンに欧州統括拠点を設け現地の金融監督を受ければ、あとはEU加盟国のどこでも自由に業務をすることができました。この仕組みを「パスポーティング」といいます。

英国のEU離脱に伴い、ロンドンに進出してきた米国の金融機関はパスポーティングの権利を失いました。そこで、EU域内の金融業が比較的活発な地域に欧州業務の統括拠点を移し替える動きが活発化しました。主な地域としては、アイルランドのダブリンやドイツのフランクフルト、フランスのパリなどが挙げられます。

ESGの世界のリーダーになる——TCFD

このように、英国のEU離脱に伴いロンドンは、欧州を代表する国際金融センターから欧州の一地方都市へと変質してしまう可能性が強まっています。なんとか人とお金を引き寄せないと金融業が衰退し、国全体の経済にも悪影響が及んでしまいます。

そこで、英国政府が考えたのが「ESG」、特に環境に関して世界のリーダーになるという戦略です。

まず、気候関連財務情報開示タスクフォース（ＴＣＦＤ）です。多くの日本企業が自主的に採用している開示を、英国は２０２１年１月からロンドン証券取引所の主要企業を対象に義務化します。最初は全体の66％程度と見られますが、２０２２年には１００％に引き上げます。さらに、２０２５年までには非上場を含め英国全体の企業に広げる方針です。

ＴＣＦＤの企業への義務づけは、先進国では英国が初めてです。

第1章でも述べた通り、日本企業は世界的に見てもＴＣＦＤへの取り組みに熱心で、使っている企業数は３００社超と世界一です。第2位が英国で２２５社。もし、英国が本当に全企業にＴＣＦＤ採用を義務づけたら、第1位の座を日本から奪うことになります。環境問題への取り組みを国際的にアピールする力や、気候変動分野での発言力が高まることは間違いありません。

英国流の戦略にこだわらない

こうした戦略は、従来の英国流の金融振興策とはいささか趣が異なります。

英国は何ごともルールの原則だけ決め、細部の解釈は使い手に任せる「プリンシプルベース・アプローチ」（原則主義）を採用してきました。また、一律の義務づけはせず、ルールに従うかどうかの判断は各人に委ね、従わない場合は正当な理由を述べさせる「コンプライ・オアア・エクスプレイン」（遵守せよ、さもなければ説明せよ）という手法が一般的でした。

この考え方は、日本の２０１０年代のコーポレートガバナンス改革にも生かされました。企業や投資家向けの指針（コード）の適用も「遵守か説明」の原則が使われ、効果を上げてきました。法律などでガチガチに義務づけるのではなく、コードという緩やかな形態を使い、自主裁量の余地を残す流儀は英国と日本に共通していたのです。

その観点からすると、全企業に対するＴＣＦＤの義務化というのは、英国の政策としてかなり踏み込んだものであることが分かります。問答無用に強制するのは、英国の市場行政の手法としてはあまり例がありません。

それだけＥＵ離脱後の英国が環境金融の世界で存在感を発揮し、影響力を保ちたいという意向が強いのでしょう。過去10年間、英国流をベースにガバナンス改革を進めてきた日本にとっても注目すべき変化です。

また英国は２０２０年12月、パリ協定にもとづく英国の二酸化炭素排出量の国別削減目標を、「2030年までに1990年末比68%削減」にすると発表しました。従来の目標は53%減でしたから、かなり野心的なレベルの引き上げと言えます。明記されているものとしては、先進国で最も高い水準の一つです。

さらに、2030年までにガソリン車とディーゼル車の新車販売を禁止し、電気自動車（EV）の普及を後押しする方針も打ち出しています。ガソリン車などの新車販売禁止の時期は当初は2040年まででしたが、それを2035年に前倒ししていました。改めて30年へと時期を早めたところに、英国政府の意欲の高さが示されています。

英国のボリス・ジョンソン首相は「野心的な目標により英国民の暮らしが変わる」と述べています。この場合の「野心」が環境問題にとどまらず、EU離脱後の金融センター振興にも向けられていることは、想像に難くありません。

2021年の英国は、早い時期に同国初のグリーンボンドも発行する見通しです。また、ロンドンに本部を置く国際会計基準（IFRS）財団が、ESG関連の情報開示設定機関をつくるための議論も本格的に始まりそうです。会計基準など資本市場におけるグローバルな基準設定力は、英国の持つソフトパワーの一つです。

2021年は英国がCOP26の開催国です。世界が注目する大イベントを目がけて環境立国を目指す英国の様々な試みが加速しそうです。

第5章

ESGは進化する

【第5章はやわかり】

メディアで取り上げられる頻度から見て、ESGの盛り上がりはピークに近づいている観があります。ESGという流行はいつか終わりますが、提起している問題の重要性が低下することはありません。ESGは進化を続けます。それが第5章のテーマです。

2020年の後半は、各国・地域が脱炭素目標の引き上げを競いました。中国が国連で「2060年に二酸化炭素の排出量をネットでゼロにする」と掲げると、日本の菅義偉首相は所信表明演説で「2050年ネットゼロ」を宣言しました。

企業に目を転じると、米マイクロソフトは、二酸化炭素の吸収を排出より多くする「ネットネガティブ」を2030年までに達成する、と表明しています。

政府と企業が脱炭素の目標を競い合って上げていく様子は、「野心の引き上げ」と呼ばれます。ESGという言葉の流行が去った後は、引き上げた目標の実行が求められます。

投資の二大要素はリスクとリターンですが、最近ではそこにインパクトの要素もあわせて考える動きが増えてきました。いわゆる「インパクト投資」です。日本の個人投資家にも人気が出ているほか、スタートアップの業界では問題解決型の起業を資金面で後押しするための道具立てとして注目されています。

ESGマネーの出し手は欧米や日本など先進国の投資家ですが、実際に解決すべき課題の多くはアジアで発生しています。中国は世界最大の二酸化炭素排出国ですし、東南アジアの石炭火力発電所の新設や人権侵害を問題視するESG投資家は少なくありません。

ただ現状では実際のマネーの向かう先は先進国が多く、新興国は限定的です。今後はアジア企業に投資家が直接、問題解決を働きかける場面が増えると見られます。ESGの未来はアジアにあります。

アジアには環境・社会問題を調査するNGOやNPOが多数活動しています。彼ら・彼女らの調査を投資家も参考にしています。また、NGO／NPOが自ら株主となり企業に働きかける動きも珍しくありません。資本市場のインフルエンサーが、大手の投資銀行や資産運用会社から、市民が支えるNGO／NPOに変わりつつあります。これも、ESGの未来を考えるうえで見逃せない現象です。

ESG投資が社会に根付き、企業を長期の視点で見る際の当たり前の評価軸となれば、ことさらESGを強調する必要もなくなります。いずれ「ESG」という言葉はなくなるかもしれませんが、企業経営における環境、社会、ガバナンスの重要性はむしろ高まっていくと考えます。

1 「野心」の引き上げ

競い合う各国の政策

気候変動問題を議論していると、「野心の引き上げ」(Raising Ambition) という言葉にぶつかります。日本語で「野心」と言うとあまり良い印象を抱かない人もいると思いますが、こと気候変動に関しては前向きな意味で使われます。

例えば、各国の政策です。

日本の菅義偉首相が2020年10月26日の所信表明演説で「2050年に温暖化ガスの排出実質ゼロ(ネットゼロ)」と宣言したのは、それに先立つ9月22日に中国の習近平主席が国連演説で「2060年ネットゼロ」を表明したのを意識してのことです。

菅首相の宣言の2日後、10月28日には韓国の文在寅(ムン・ジェイン)大統領が国会の施政方針演説で、「2050年ネットゼロ」の方針を掲げました。

韓国では４月15日の総選挙で大勝した与党が環境問題を重視していました。改めて文大統領が表明したのは、中国から日本へと続いたネットゼロ宣言の流れを踏まえています。

こうした温暖化防止の高い目標を競い合う構図が、国際社会では「野心の引き上げ」と呼ばれています。

２０１９年12月に欧州連合（ＥＵ）首脳は、「温室効果ガス排出量を２０３０年までに１９９０年の水準から少なくとも55％削減する」という目標で合意しました。これまでは40％削減を目指していたのですから、そこからの引き上げは本当に野心的です。

マイクロソフトのカーボンネガティブ宣言

野心の引き上げに動くのは政府だけではありません。企業も脱炭素の目標を競い合っています。

米マイクロソフトのサティア・ナデラ最高経営責任者（ＣＥＯ）は２０２０年１月の自社イベントに登壇し、「２０３０年までにマイクロソフトはカーボンネガティブになる」と宣言して聴衆を驚かせました。カーボンネガティブとは、排出するより多くの二酸化炭素を削減したり除去したりすることにより正味の排出量を減らすことです。

排出量と削減・除去量を同等にすることで二酸化炭素を増やさない「カーボンニュートラル」を掲げる企業は、この時点でも少なくありませんでした。しかし、一歩踏み込んで純減、「ネガティブ」の公式な宣言は野心的な内容であり、環境NGOやESG投資家の注目を集めました。

この宣言のどこが野心的なのでしょうか。

本書で何度も言及したパリ協定は、世界の平均気温の上昇を産業革命前と比べて2度を大きく下回るか、1・5度の水準まで抑えることを目標にしています。気候変動に関する政府間パネル（IPCC）によれば、気温上昇率を1・5度に抑えるためには、世界で2050年までにカーボンニュートラルを達成しなければなりません。

「2030年カーボンネガティブ」は、国際目標をはるかに上回るピッチで二酸化炭素を削減することを前提にしています。ここにマイクロソフトの「野心」があるわけです。

バックキャスティングで進める

マイクロソフトの計画を概観してみましょう。

まず、2030年までにオフィスやデータセンターなどの事業所、さらにはサプライチェーン全体から排出される二酸化炭素の量を半分に減らします。そのうえで、残りの排出量と同量以上の二酸化炭素を除去することにより、カーボンネガティブを達成するとしています。さらに、2050年までに自社オフィスなどが1975年の創業時から出していた二酸化炭素の除去も目指すとしています。

二酸化炭素の排出量を減らすには、排出権を購入するというテクニカルな方法もあります。しかし、排出権取引は誰かが減らした分を、増やしてしまった誰かが購入するという構図ですから、社会全体の総量は変わりません。

マイクロソフトのこだわりは、権利の取引による相殺削減ではなく、ネガティブエミッション技術（NET）を使って大気中の二酸化炭素を空中から除去することにあります。

NETの具体的な例としてまず挙げられるのが、植林です。樹木が大気中の二酸化炭素を吸収する光合成の力を利用します。また、直接大気回収（DAC）という技術もあります。これは、大気中の二酸化炭素を化学溶液などを使って集め、地面に埋めて封じ込める技術です。

ただ、大量の二酸化炭素を効率よく除去する技術は実験の域を出ないものが多く、使われているとしても大変にコストがかかるものばかりです。イノベーションが最も求められている分野でもあります。

そこでマイクロソフトは、世界中で研究されているNETを資金面で支援する「気候イノベーションファンド」を設立し、自ら10億ドルを拠出する方針も明らかにしました。

日本企業の発想だと「野心的な目標を打ち上げるのはよいが、達成できなければどうするのか」とか「現状の技術力では達成が難しい」といった声が上がるでしょう。

米国企業、特にマイクロソフトのようなIT企業は、「野心を達成するためには、どんな技術をどのように開発すべきか」と発想します。

将来の高めの目標を掲げ、そこを起点に現在を振り返るわけです。現状から進むべき方向を考えるのではなく、野心を実現する道筋を逆算する考え方を「バックキャスティング」といい、ESG投資家は好んで使う傾向があります。

野心的な目標のねらい

マイクロソフトが野心的な目標を打ち上げた理由は何でしょうか？

カーボンネガティブ宣言に際して同社のブラッド・スミス社長はこう述べています。

「世界はネットゼロを達成する必要があるが、もっと早く、遠くまで動ける企業はそうすべきである」

技術と資金を持つマイクロソフトは「もっと早く、遠くまで動ける企業」にほかならないという強烈な自負を表した言葉です。

マイクロソフトの企業としてのミッションは、「地球上のすべての個人とすべての組織が、より多くのことを達成できるようにする」(Empower every person and every organization on the planet to achieve more) です。

温暖化の阻止は私たちが長期にわたって「多くのことを達成できるように」なるために、欠かせない条件でもあります。そうならば、「２０３０年カーボンネガティブ」という野心的な目標を掲げ、実現に向けて動くのは、マイクロソフトのミッションや存在意義にかないます。実利を重視する米国企業の理念的な側面が垣間見えます。

アマゾンは気候変動ファンドを設立

マイクロソフトの宣言からおよそ5カ月後の２０２０年6月、今度はアマゾン・ドット・コムが動きました。気候変動問題の解決に特化した20億ドル規模の基金を設立したのです。

マイクロソフトのところでも触れたＤＡＣや自然に分解するプラスチックなど、環境保護に役立つ技術の開発に投資する計画です。

アマゾンは大規模な物流施設の周辺で起きる大気汚染などが問題視され、地域社会や従業員が抗議活動などをすることもありました。このため、ジェフ・ベゾスCEOは2019年に「2040年までに自社の事業を通じて排出される二酸化炭素を実質ゼロにする」という目標を発表しました。

「2040年までのネットゼロ」は、国際社会の目標である「2050年までのネットゼロ」を10年前倒ししており、これもまた企業による「野心」の引き上げでした。

その後、マイクロソフトによる「2030年までにネガティブ」宣言が出たため、アマゾンの目標はかすみがちになっていました。気候変動ファンドの設立の背景には、マイクロソフトへの対抗心があると推察されます。

第3章第5節で、2020年7月にアップルが「2030年までにサプライチェーン全体の炭素ガス排出をネットでゼロにする」と発表して、ESG投資家を驚かせたという話を紹介しました。これも、米IT業界の野心の引き上げ競争の一断面と見ることができます。マイクロソフトやアマゾンもアップルの宣言に刺激を受け、さらに高い目標を検討しているかもしれません。

ＥＳＧ投資の盛り上がりは世界的な資本主義見直しの機運と並行しているのですが、その過程で浮かび上がったのは、ビジネスの力で社会問題を解決することの重要性です。米ＩＴ業界が脱炭素の早さと深さを競う様子は、事業の存在意義を社会に問うているようにも見えます。

2　リターンからインパクトへ

リスク調整後のリターンの極大化を目指す

ＥＳＧ投資とは、環境や社会問題、さらには組織のあり方など目に見えない要素を判断材料に加える投資の手法です。いずれ降りかかってくる環境破壊や労働搾取のコスト負担を先送りしたり、たまたまうまくいっているだけかもしれない経営陣を監督する体制が不十分だったりする企業もあることでしょう。そうした企業への投資は短期的には成功しても、長期的にはボロが出て十分な投資の成果が上げられないリスクがあります。

ＥＳＧ投資とはそうした事態を防ぐための手段です。少し気取った言い方をしますと、ＥＳＧ投資はリスク調整後リターンの極大化を目指すものです。

「21世紀の受託者責任」

「FIDUCIARY DUTY IN THE 21st CENTURY（21世紀の受託者責任）」という報告書があります。ＥＳＧの提唱に関わった国連環境計画・金融イニシアチブ（ＵＮＥＰ－ＦＩ）などが4年かけてまとめ、２０１９年10月に発表した提言です。各国の政府や資産運用者との議論を通じて、「ＥＳＧ要因を考慮することは受託者責任に適合する」と結論づけました。

さらに「ＥＳＧ分析を無視するとリスク評価を誤る可能性があり、資産配分が適正になされない恐れもある。これでは受託者責任を果たしているとは言えない」とまで踏み込んでいます。受託者責任を果たすために必要な十分なリスク評価をする手段がＥＳＧである、という考え方です。２０２０年に入ってＥＳＧ投資が資産運用の世界で加速度的に盛り上がった背景の一つには、こうした公的報告書のお墨付きもあったと思われます。

「21世紀の受託者責任」も、ベースになっているのはリスクとリターンの2つの要素を最重視する伝統的な「投資」の考え方です。最近はリスクとリターンだけでなく、投資の第3の要素としてインパクトを加えて考えようという潮流が強まってきました。

投資をリスク・リターンの2次元ではなく、リスク・リターン・インパクトの3次元で考えることが受託者責任に適合するのではないかという問題意識です。

インパクト投資

象徴的なのは、環境や社会的な問題の解決を資金使途にして債券などの金融商品を発行し、それに投資する「インパクト投資」です。

２０１３年に英国で開かれた主要8カ国首脳会議（G８）で、英国のキャメロン首相（当時）がインパクト投資の必要性を訴えたことにより、金融界でも注目されました。世界のインパクト投資の市場規模は、２０１９年で５０２０億ドルに達したと見られます。２０１９年の主要20カ国首脳会議（G20）では、首脳宣言のなかで「革新的資金調達メカニズム」としても言及されました。

第1章第5節では、SDGs（持続可能な開発目標）とESGの関係を解説しました。SDGsは目標、ESGは手段です。SDGs目標を達成するためには、毎年約5兆～7兆ドルの資金が必要だといわれます。この資金需要をまかなう手段がESG投資、なかんずくインパクト投資だという説明も可能でしょう。

資産運用会社も積極的に対応しているようです。

欧州系資産運用会社アムンディ・ジャパンのチーフ・レスポンシブル・インベストメント・オフィサー岩永泰典氏は、モーニングスター代表取締役社長の朝倉智也氏とのウエブ上での対談で、次のように述べています。

「個人の投資家の皆さまが投信を活用される際には、中長期的なリターンをあげていくことも重要ですが、その投資した資金が、どういう形で社会的な課題の解決に貢献していくのかということも関心が高いと思います」

「そこで、中長期の期間で社会的・経済的な変化のトレンドがでてくるような投資機会に注目しています。SDGsを達成するために企業が様々な取り組みを行い、そこに投資家の皆さまが付加価値を認めて最終的には企業の業績にも反映する、それが、投資のリターンにもつながっていくという良い循環になります」

「具体的にはSDGsの17の目標の中から、『教育』の普及に貢献する企業に投資する『みらいエデュケーション』。こちらには、コロナ禍で注目の集まった遠隔教育を推進するエドテック（教育テクノロジー）といった分野も含まれます。そして、次世代の医療テクノロジーを活用して『健康／医療』に貢献する『みらいメディカル』。さらに、『気候変動』問題に積極的に取り組むリーダー企業に投資する『SMBC・アムンディ　クライメート・アクション』。

　これらの3ファンドは、アムンディ　インパクトフル・アクション・シリーズとしては、持続可能（サステナブル）な社会の実現のため、運用の世界から社会にインパクトを与えることを目指しています」

ゼブラ企業を育てる

インパクト投資の盛り上がりは、産業構造にも影響を与える可能性があります。成長と社会課題の解決の両立を目指す非上場の新興企業を「ゼブラ企業」ということがあります。既存の産業を破壊し、ライバル企業を蹴落としてでも急成長を追う未上場大企業、「ユニコーン」への反発から生まれました。途上国の産業支援やごみの再利用などに取り組む場合が多いようです。

巨額の資金調達や大型の新規株式公開（IPO）には無縁ですが、インパクト投資の発想を使った少額の資本提供のパイプがあれば、社会に役立つ企業を育てることができます。こうした資本提供を、ソーシャル・インパクト・ベンチャー・キャピタル（SIVC）ともいいます。

米国の有力VC、500スタートアップスは、投資方針にESG要素を取り込み始めました。また、産業廃棄物回収システムのファンファーレ（東京・港）は、500スタートアップスのパートナーが新たに設立したＶＣのコーラル・キャピタルから３０００万円を調達しました。

過酷なイメージがある産廃事業は、人手を確保するのも一苦労です。ファンファーレは人工知能（ＡＩ）を活用することにより、産廃回収車のルートや担当者の配置を最適化する方針です。近藤志人代表は「日本経済新聞」紙上で「産廃業界の課題をＩＴ（情報技術）で解決することに、投資家が理解を示してくれた」と話しています。

第２章第２節でオランダの資産運用会社ロベコのハッセルＣＥＯの発言を紹介しました。投資の３要素を「リスク、リターン、そしてウェルビーイング（社会的な幸福）だ」とする指摘は、ややとっぴなものに感じられたかもしれません。しかし、インパクト投資の流れを概観してみると、ウェルビーイングとインパクトはほぼ同義なのだと分かります。

３　問題はアジアで起きている

各国のＥＳＧ課題

本書は投資家や企業など資本市場の主な役者に光を当て、ＥＳＧの要素がいかに彼ら・彼女らを変えてきたかという点を中心に述べてきました。「気候変動」や「人権問題」といったテーマ別の解説や、欧米・日本など地域ごとの分析には、あまり踏み込んでいません。それが類書との大きな違いです。

しかし、この第4章第3節では少し趣を変え、地域の話をしてみましょう。どこの地域かというと「アジア」です。

ESG投資をするのは、欧米や日本など先進国の年金基金、資産運用会社です。投資対象となる企業は先進国から新興国、発展途上国まで幅広いのですが、俎上(そじょう)に上る問題の多くはアジア新興国で発生しています。「事件は現場で起きている」という往年の警察ドラマの名セリフがありましたが、それをまねれば「問題はアジアで起きている」のがESGなのです。

投資家が問題視するESG課題を地域ごとに挙げてみましょう。

○中国…二酸化炭素排出／プラスチックゴミ廃棄／ウイグル族への人権侵害、強制労働／香港の民主化弾圧
○ベトナム…ブンアン2石炭火力発電所の建設計画／サプライチェーンの労働環境

○タイ…漁船、漁港の労働環境（「海の奴隷」問題）／人身売買／不十分な民政移管
○マレーシア…パーム油生産に伴う労働問題と森林破壊
○インドネシア…パーム油生産に伴う労働問題と森林破壊／泥炭地開発と森林火災
○ミャンマー…ロヒンギャ難民／不十分な民主化
○バングラデシュ…繊維産業の労働環境
○インド…二酸化炭素排出／大気汚染／過酷な労働（「現代奴隷」問題）

1990年代から2000年代にかけて、先進国の企業はグローバル戦略の一環としてアジア新興国に進出しました。各国での生産・販売活動が急速に拡大したため、環境や社会問題への対応は遅れがちでした。2006年の国連のPRI（責任投資原則）発表をきっかけに、グローバル企業がアジアに抱える諸問題への市場の関心が高まったのが、ESG投資の重要な側面です。

またアジアは、温暖化で頻度が高まっている自然災害で、経済的な被害が最も大きい地域でもあります。2020年12月6日付「日本経済新聞」朝刊によれば、2030年時点で河川水害などが引き起こす地球全体の経済損失は年間17兆ドルに達する可能性があります。こ

のうち、中国やインドなどアジア地域で発生する損失は約半分の8兆5000億ドルを占めます。

被害を最小限に抑える堤防などの整備も急がれるところですが、新興国の防災インフラは先進国に比べて貧弱です。こうした点もESG投資家は問題視しており、インパクト投資などのかたちで資金を流そうとしています。

まだまだ小さいESGマネーの規模

山積みする問題の多さや深刻さに比べて、アジアにおけるESGマネーの規模はまだまだ小さいと言わざるを得ません。英アバディーン・スタンダード・インベストメンツによれば、ESG戦略を掲げる世界のファンドが投資する資産の地域別内訳は、欧州・中東が66％と最も高く、米国26％、英国5％と続き、アジアは最も小さい3％です。

しかし、だからこそ今後増える余地は最も大きいとも言えます。アジアのESG投資は成長産業なのかもしれません。

すでに説明した通り、日本の年金積立金管理運用独立行政法人（GPIF）は世界最大のアセットオーナーであり、ESG投資の熱心な旗振り役です。

日本以外では、中国の平安保険グループが2019年に同国のアセットオーナーとして国連責任投資原則（PRI）に署名しました。中国証券監督管理委員会は、ESG情報の開示を全上場企業に義務づける方針です。マレーシアでは政府系ファンドのカザナ・ナショナルがPRIに署名。韓国の国民年金公団もESG投資の方針を表明しています。

注目すべきテマセクの役割

シンガポールには、テマセク・ホールディングスという有名な政府系ファンドがあります。運用資産は3000億ドル超と、世界の政府系ファンドとして10位くらいの規模を誇ります。さらに同国選りすぐりの運用の専門家を配しており、金融の知見や専門性の高さでは世界トップクラスと言っても差し支えありません。

テマセクは2030年までに投資ポートフォリオから排出される二酸化炭素の排出量を半減させる方針を決定し、投資先企業に活発に脱炭素を働きかけ始めたようです。また、日本の第一生命保険やオーストラリアの企業年金Cbusと共に、ESG情報の開示基準をつくる米国のサステナビリティ会計基準審議会（SASB）の投資家助言グループのアジア代表として参加しています。

テマセクは、シンガポール国民の経済厚生を最大化するという受託者責任を負っています。運用機関として高いリターンを追求するのは当然ですが、それだけでなく地球温暖化から国民を守ることもミッションの一つに掲げています。

１９６５年建国のシンガポールは、経済成長の過程で公害などに苦しんだ先進国を反面教師と位置づけ、環境保護と両立する経済成長の道を探ってきました。

しかし、埋め立ても多い人工国家であり温暖化の進展で海面が上昇すると水没の危機にもさらされます。それだけに、ＥＳＧ投資はテマセクにとって存在意義を象徴するものでもあります。

アジアのＥＳＧ投資のうねりのなかで、シンガポールのテマセクの果たす役割は一段と大きくなりそうです。

4　市場の中心にＮＧＯ／ＮＰＯ

必要とされる調査力と知見

本書をここまで読んでいただいた方はお気づきのことと思いますが、ＥＳＧ投資においては非政府組織（NGO）や非営利組織（NPO）と呼ばれるグループがとても大きな影響力を持っています。

NGOは経済のグローバル化の負の側面、寡占や格差拡大を問題視し、大企業に批判的な姿勢を取ってきました。思想的には左がかっていて、資本主義経済そのものに否定的な存在とも考えられることも多かったようです。

しかし、ESG投資の広がりとともに、企業の環境破壊や人権軽視といった側面が注目されると、NGOの調査力や知見が求められるようになりました。それらは伝統的な機関投資家に最も不足していたものだったからです。

機関投資家のダイベストメント（投資撤退）を取り上げた第2章第5節からもお分かりのように、運用者が売却を決める際の参考として、NGOの評価やデータベースが影響力を持つようになっています。

資本主義と対立するかのように思われてきたグループが、経済の血液とも言えるマネーを動かす時代。NGOはいつの間にか資本市場の周辺から中心へと居場所を変えました。その導管となったのが、ESG投資なのです。

この節では、NGOの影響力の広さと深さをもう少し詳しく扱います。

基準設定力の強さ

まず、基準設定力の強さに注目しましょう。

米国のESG情報の開示基準をつくり、国際展開も急いでいるサステナビリティ会計基準審議会（SASB）は公的な組織ではありません。2011年にハーバード・ビジネス・スクールの研究成果を実践するため、民間の会計士が自主的に設立したNGOです。

現在は米証券取引委員会（SEC）に、自分たちの設定した基準を公的な情報開示に採用するよう働きかけています。欧州やアジアの市場関係者とも活発に交流し、SASB基準の国際的な普及に取り組んでいます。

2020年7月に、国連の関連組織として自然関連財務情報開示タスクフォース（TNFD）の作業部会が立ち上がりました。森林破壊や河川の汚染、それに伴う生物多様性の減少など様々な自然関連リスクが企業財務に与える影響を開示する枠組みを決める組織です。すでに成功をおさめている気候関連財務情報開示タスクフォース（TCFD）をお手本としていますが、違いは設立の主体です。

TCFDを主導したのは世界の金融監督当局の集まりである金融安定理事会（FSB）でしたが、TNFDは国連開発計画（UNDP）と国連環境計画・金融イニシアチブ（UNEP

ーFI)、さらに世界自然保護基金(WWF)と英国の環境NGOグローバル・キャノピーです。

金融の実務を担う部隊として、フランスの大手銀行BNPパリバや保険のアクサ、英スタンダード・チャータード銀行などが参加しており、2年程度かけて具体的な基準やフレームワークをつくる予定です。

ESGの考え方では、森林や河川などを経済に欠かせない自然資本と考えます。財務的な資本が毀損すれば企業経営が揺らぐのと同様、自然資本が破壊され目減りすれば、生産活動に悪い影響が出ます。世界経済を揺るがせた新型コロナ禍も、自然資本の破壊によって動物の生息地が人間に接近しすぎた結果として起きた災厄ととらえる向きもあります。

自然資本を対象にしたTNFDは、温暖化問題に絞ったTCFDといずれ統合されるかもしれません。そうなると国連や世界の金融監督当局、NGOが一体となって金融市場のスタンダードをつくる時代になります。

企業活動にも影響――パーム油

NGO/NPOの基準設定力は、実際の企業活動にも大いに影響を及ぼしています。

少しパーム油の話をします。

アブラヤシから作られるパーム油は、同じ耕作面積から大豆の8倍の量が取れ、世界の年間生産量は7000万トンと植物油脂の3〜4割を占めます。用途もチョコレートやアイス、インスタント麵やスナック菓子など多様です。

しかし、この便利な油が近年、ESG投資家にとって大問題になってきました。生産量の8割超を占めるインドネシアとマレーシアで、森林伐採や児童労働の問題が深刻になってきたのです。

そこでWWFや英蘭ユニリーバが主導し、2004年にRSPO（持続可能なパーム油のための円卓会議）という団体をつくり、森林伐採や児童労働の問題を起こさずに生産しているパーム油の認証を始めました。

今や世界の食品メーカーは競ってRSPO認証を得ようとしています。日清食品や味の素など日本の大手も例外ではありません。ヨーロッパ市場への輸出には、この認証を得ることが欠かせなくなっているからです。食品メーカーに投資するESG投資家にとっても必須のチェック項目ですから、認証の取得は株価にも影響します。

調査・評価機能の高まり

そのＥＳＧ投資家を調査し、本当に環境問題などを重視して活動しているかどうかを評価するのもＮＧＯです。すでに見てきた基準設定力と並んで、調査・評価機能も近年のＮＧＯの大きな特徴の一つです。

本書で何度も登場しているＷＷＦは、資産運用会社のＥＳＧ投資の状況を分析するツールを開発しています。「ＲＥＳＰＯＮＤ（Resilient and Sustainable Portfolios that Protect Nature and Drive Decarbonisation）」というプロジェクトで、２０２０年1月に発表された最初の調査では22社が対象になりました。内訳は以下の通りです。

フィデリティ・インターナショナル、シュローダー、アムンディ、ロベコ、リーガル・アンド・ゼネラル・インベストメント・マネジメント（ＬＧＩＭ）、ＨＳＢＣグローバル・アセット・マネジメント、ＢＮＰパリバ・アセット・マネジメント、ＵＢＳアセット・マネジメント、ピクテ、アクサ・インベストメント・マネージャーズ、ＡＶＩＶＡインベスターズ、アリアンツ・グローバル・インベスターズ、ＡＰＧアセット・マネジメント、アバディーン・スタンダード・インベストメンツ、Ｍ＆Ｇインベストメンツ、エイゴン・アセット・マネジメント、ＮＮインベストメント・パートナーズ、ノルデア・アセット・マネジメント、ベイリー・ギフォード、DWSグループ、オストラム・アセット・マネジメント、ユニオン・インベストメント・グループ。

この分析では、WWFが独自に開発した「パーパス（目的）」「ポリシー」「プロセス」「人」「商品」「ポートフォリオ」の6分野の基準に照らして、各社のESG投資の状況を評価しています。

全般的に「目的」「プロセス」「商品」の取り組みには優れているものの、全体の「ポートフォリオ」から排出される温暖化ガスの排出量をパリ協定目標と整合的なものにするための具体策に欠ける、などと指摘されています。

また、地域別には、アジアへの投資先の働きかけを強めるよう求めています。

ここで調査対象になっているフィデリティやシュローダーなどの資産運用会社をアセットマネジャー、それらの会社に運用を託す年金基金などをアセットオーナーといいます。

マネジャーはオーナーからできるだけ多くの運用を受託しようと競っています。オーナーがESG重視に傾けば、マネジャーは従わなければなりません。WWFはRESPONDの利用をアセットオーナーにも広げていきたい意向のようです。

日本企業のIR（株主向け広報）担当の方と話をすると、「2020年から株主からの

ESG関連の要求が急に厳しくなった」といった声をよく耳にします。2020年からESG関連の記事が急増していることも第1章で述べました。WWFという強力なNGOによる資産運用会社の評価が本格的に始まったことも、影響しているのかもしれません。

強力なインフルエンサー

NGOの調査・評価機能が高まっている事例をもう1つ挙げます。

PRI（責任投資原則）をつくっている国連環境計画・金融イニシアチブ（UNEP－FI）は、環境・人権問題に配慮した融資を求める「責任銀行原則」（PRB）という指針もつくっています。2019年に発足し、日本の大手4行を含む世界131行で始まりました。

現在は、加盟銀行に原則を守るよう働きかける市民社会諮問機関を設立する方向で準備を進めています。「北米」「中南米」「欧州」「中東アフリカ」「アジア太平洋」「気候」「生物多様性と生態系」「人権とジェンダー」「貧困と社会問題透明性と説明責任」「リテールと中小企業」「従業員」などの分野から関係者を招く予定ですが、この場で活躍が期待されているのもNGO／NPOのメンバーです。

こうして見てくると、ＮＧＯ／ＮＰＯという存在が一昔前とはまったく違うものであることが分かります。日本の企業社会にすっぽりはまっていると彼ら・彼女はまだ脇役にすぎないのかもしれませんが、グローバルに見れば資本市場の中心プレーヤーであり、強力なインフルエンサーなのです。

当然、ＮＧＯに参加するメンバーも日本で一般に考えられているような人材とは異なります。開発経済や環境問題の博士号を持つ研究者や、経営学修士（ＭＢＡ）の取得者もたくさんいます。

世界的な金融人材を輩出しているハーバード・ビジネス・スクール（ＨＢＳ）の先生からは、「昔ウォール街、今ＮＧＯ」という話を聞きました。世界を変える刺激的な仕事ができて、金銭面での一定の報酬もある人気就職先が劇的に変わっているという内容です。

この流れは早晩、日本でも本格的に始まると思います。ＥＳＧはマネーだけでなく人の動きも大きく変えます。

5 「ESG」が消える日

2つのクイズで考える

「ESGは進化する」と題する章の最後の節にきて、いきなり「消える」とは何ごとか。そんなお叱りの声も聞こえてきそうです。しかし、これが本書の究極のメッセージです。「消える」とは必ずしもネガティブな意味ばかりではありません。筆者の考えを説明します。

まず、クイズから始めます。

【第1問】2020年10月末現在、次のような銘柄が組み入れ上位に入っている投資信託があります。どんな運用を掲げている商品でしょうか?

アマゾン・ドット・コム(米国、組み入れ比率8・6%)②TALエデュケーション(中国、6・9%)③サービスナウ(米国、6・8%)④マスターカード(米国、6・5%)⑤アドビ(米国、5・9%)⑥ズーム・ビデオ・コミュニケーションズ(米国、5・6%)⑦HDFC銀行(インド、5・4%)⑧ビザ(米国、4・0%)⑨セールスフォース・ドットコム(米国、4・0%)⑩ウーバー・テクノロジーズ(米国、3・8%)

中国やインドの企業は聞いたことがないかもしれませんが、米国ではアマゾンやマスターカード、アドビ、ズームなどお馴染みのIT（情報技術）や金融関連の会社が並んでいます。「グローバル・テック」とか「IT勝ち組」といったネーミングの投信を思い浮かべられる方も少なくないのではないでしょうか？

答え合わせの前にもうひとつ。

【第2問】次のような運用方針を掲げている投資信託があります。どんなタイプの商品でしょうか？

企業の長期的な持続的成長を評価するには「見えない価値」が重要と考えています。目に見える財務情報だけでなく、企業文化や経営力やステークホルダーとの対話など、「見えない価値」にも着目し、投資先の企業を厳選します。

具体的には「5つの軸」（4つの力と企業文化）によって投資先企業を選定、評価しています（「5つの軸」とは、収益力、競争力、経営力、対話力、企業文化）。

「見えない価値」や「ステークホルダーとの対話」などの文言からして、「ESG投信」とか「サステナビリティ投信」ではないのかな……と思われるかもしれません。

答え合わせ

解答を発表します。

第1問は、アセットマネジメントOneが運用する「グローバルESGハイクオリティ成長株式ファンド（為替ヘッジなし）」、愛称は「未来の世界（ESG）」です。2020年に日本で最も売れた投信の一つであり、設定から解約を差し引いた資金流入超過額は7700億円に達しました。

このファンドの交付目論見書を見ますと、ポートフォリオを構築する際の考え方の一つとして、「積極的なESG課題への取り組みとその課題解決を通じて、当該企業の競争優位性が持続的に維持され、成長が期待される銘柄に注目します」とあります。

もともとテック企業は重化学工業などに比べて製造設備が小さいので、温暖化ガスの排出量が少なくて済むという傾向があります。さらに、そこに収益力という点を加えれば、米国の巨大テック企業が多く含まれる蓋然性はかなり高くなります。他のESGファンドも似た顔ぶれの企業が組み入れられることが多いようです。

それではESGやサステナビリティなどと難しいことを言わずに、すなおにITやテックの個別銘柄や投信を買えばよいのではないか。そう思われる方もいることでしょう。

第2問の答えは、コモンズ投信の運用する「コモンズ30ファンド」です。徹底したボトムアップの個別銘柄調査をもとに、30年の時間軸で30銘柄を選ぶ長期投資のファンドです。2009年1月に運用を開始し、2020年10月までの基準価額の上昇率は220%を超えています。個人に根強い人気を持つファンドの一つです。

なぜESGが流行しているのか

2つのクイズを通じて伝えたいことは、資産運用における「ESG」「サステナビリティ」といった分類、ラベリングの意味です。

第2章で多くの機関投資家が環境や社会問題、ガバナンスの視点を当然のこととしてすべての企業評価に織り込みつつあることを指摘しました。ESGインテグレーションです。どんな企業でも長期的に気候変動の影響からは逃れられず、従業員に奴隷労働を強いることは許されません。取締役会が経営の執行をきちんとモニタリングする仕組みも築く必要があります。つまり、企業評価の原点に立ち返って考えれば、ESGは当たり前のことを象徴的に表現しているにすぎません。

ではなぜ、世の中を見渡すとESGが一種の流行とも言える状況になっているのでしょうか。

第1の理由は、温暖化や異常気象の問題がリアルに感じられるようになり、私たち一人ひとりが環境問題に敏感になっていることでしょう。世界を襲った新型コロナ禍は、従業員の健康や安全の確保が企業の社会的責任であることを知らしめました。

第2の理由として、ESGが金融商品を販売する絶好のツールになっている面も否めないでしょう。特に投信の場合、日本はベーシックな商品を長期で保有するより、時々の流行のテーマのファンドを次々に乗り換えるスタイルが一般的でした。販売する証券会社が乗り換えの手数料を稼ぐことができました。

社会資本整備、インターネット、IT、ゲノム、環境、社会的責任、バイオテクノロジー、再生可能エネルギー、再生医療……。過去20年ほどを振り返っても、様々なテーマの投信が人気を集めては忘れられてきました。過去からの延長でESGを投信のテーマと見る市場関係者は、少なからずいると思います。

2つのうち第1の理由については、環境や従業員への配慮は当然という風潮が強まれば、流行は去ります。第2の理由については、言わずもがな。熱しやすく冷めやすい証券会社の営業マンは早晩、別の投信販売のテーマを探し始めることでしょう。

EとSとGをまとめることの違和感

コロンビア大学の伊藤隆敏教授は、「Nikkei Financial」（2020年10月16日付）でESGについて次のように述べています。

「経済学から見ると、ESGの3つの要素を一緒に議論する意味は全くない。一方、ファイナンス理論からは、ESGに投資することで投資リターンは（ESGを無視した投資よりも）高くなるのか、低くなるのかが問題となる。高くなると思って投資している人と、（社会に貢献するなら）低くても構わないと思って投資している人が混在している可能性がある」

「Eに配慮しない企業は、突然の規制変更や訴訟の対象になりやすい。突然価値を失うリスクがある。Eに配慮する企業は、長期的にはリスクが低いはずだ。SもGも配慮しなければ利益が落ちるので、ESG投資は長期的なリターンを高くする、と考えられる。しかし、経済学的には、なぜESGが同じくくりになるのかが不明であり、ファイナンス的にはリターンが高くなるのか、低くなるのかを整理しないまま、投資だけが先行している。ESG投資は、現在はまだ呉越同舟だ」

伊藤教授の主張の趣旨は、企業が環境や社会問題に配慮する必要がないということでは決

図 5-1 「BRICs」の語を含む記事数の推移

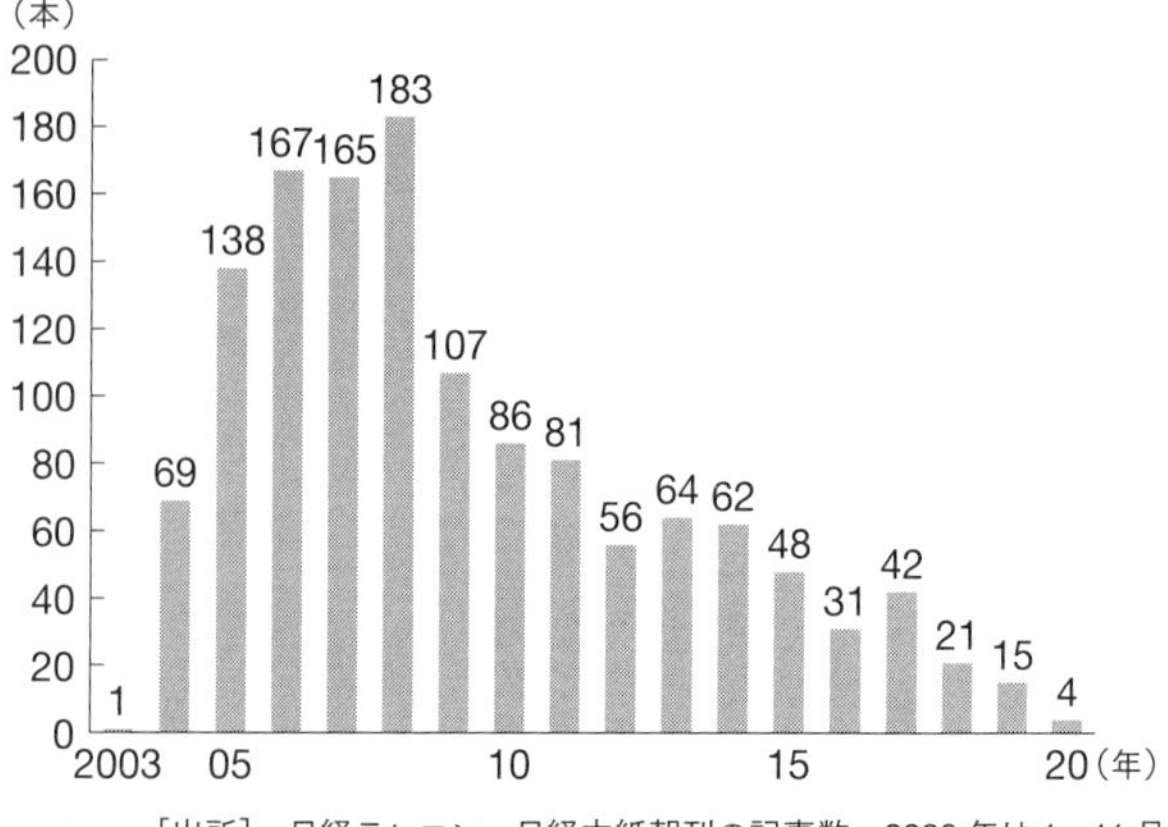

［出所］ 日経テレコン、日経本紙朝刊の記事数、2020 年は 1～11 月

してありません。そうではなくて、EやSの要素、さらにはGまで含めて「同じくくり」で投資のアイデアとすることへの疑問です。

筆者も同様の違和感を常に抱いています。

言葉は消えても課題は残る

ESGは、金融機関が集まって市場への受け入れやすさを考慮し考えた造語です。その意味で筆者は、2000年代に世界的なブームとなったBRICs（ブラジル、ロシア、インド、中国）を思い出します。

今やBRICsという言葉を口にする人はほとんどいませんが、中国やインドなど新興国の重要性は当時より高まっています。BRICsをきっかけに注目された他の新興国や発展途上国も、引き続き投資の対象です。
「ＢＲＩＣｓ」の語を含む日経本紙の記事数を検索すると、初出の２００３年の１本から07年から08年にかけて急増、その後にゆっくり減り始め、20年はわずか４本です。第１章第１節で示した「ＥＳＧ」の語を含む記事数の推移を示すグラフと見比べると、何やら示唆的です。

ＢＲＩＣｓという言葉は消えても、言葉が提起した新興国・発展途上国の台頭を考慮に入れることなくしてグローバル経済は語れない時代です。

ＥＳＧもまた投資アイデアとしての賞味期限が切れれば忘れ去られるかもしれません。しかし、企業が環境や社会の様々な問題に向き合い続け、ビジネスの力でそれを解決しなければならないことに変わりはないのです。

第6章

ESG用語の基礎知識

【アルファベット・スープ問題】

ESGに関して誰もが抱く思いの一つは、アルファベットを組み合わせた造語が多すぎるということではないでしょうか？　そもそもESGも、Environment（環境）、Social（社会）、Governance（企業統治）の3つの言葉の語頭のアルファベットからなっています。

金融の世界には「アルファベット・スープ」と呼ばれる問題があります。本来はアルファベットの形をした小さなパスタ入りのスープのことで、「ABCスープ」とも呼ばれます。スープをかき回すとアルファベットのピースが浮かんでは沈み、「ADC」「XGU」「BOR」「ZML」……など様々な言葉がカップの中に現れます。

動きの早い資本市場でも、アルファベット・スープさながらに造語が次々に登場しては消えていきます。比較的最近の例で言いますと、2008年のリーマン・ショックの時に問題になった複雑な金融取引の仕組みが挙げられます。CDO（債務担保証券）、ABS（資産担保保証券）、CDS（クレジット・デフォルト・スワップ）といった専門用語が毎日のようにメディアに登場し、面食らった方も多いでしょう。

こうした造語はとても重要な概念を表している場合が多いのですが、あまり理解されないままアルファベットだけが飛び交い、深い議論ができないことがあります。これが「アルファベット・スープ問題」です。

ESGについても同じ問題が起きています。主に欧米で発達した考え方なので横文字が多く、それが未消化のままメディアに登場している印象があります。ESGについて懐疑的な方がいらっしゃる理由の少なからぬ部分も、アルファベット・スープ問題にあると思っています。

そこで、第6章では本書に登場したものを中心に、アルファベットのESG用語を整理してみました。本書の復習や、用語集として活用していただければ幸いです。

1　国際組織／研究機関

PRI（責任投資原則）　投資家にESG重視の運用を促している原則。2006年に策定。事務局を務める組織はThe PRIで、国連の支援は受けているが直接の関連組織ではない。

PSI（持続可能な保険原則） PRIの保険版。2012年に策定。ESG課題の解決に資する保険業務を求める。

PRB（責任銀行原則） PRIの銀行版。2019年に発足。日本のメガバンクも署名。気候変動や生物多様性に配慮した融資を求める。

UNEP-FI（国連環境計画・金融イニシアチブ） 1992年につくられた国連の補助組織。UNEP（国連環境計画）と、世界約200の銀行、保険、証券会社とのパートナーシップ。

AMWG UNEP-FIが組織した資産運用会社のグループ。BNPパリバやシティグループの運用部門など世界の12社が参加。PRIの具体的な方針作成に影響を与えた。

UNCTAD（国連貿易開発会議） PRI、UNEP-FI、国連グローバルコンパクトとともに、2009年のSSEI（持続可能な証券取引所イニシアチブ）設立を後押し。

UNDP（国連開発計画） UNEP-FI、WWF（世界自然保護基金）などとともに、2020年にTNFD（自然関連財務情報開示タスクフォース）を設立。

MDGs 国連のミレニアム開発目標。2000年9月に採択。

SDGs（持続可能な開発目標） MDGsの後継。2015年に採択。2016～2030

年に達成すべき17の目標と169のターゲットで構成。

UNDRR（国連防災機関）　自然災害の被害を軽減するための国際協調を進めるための国際機関。近年の異常気象に伴う災害の頻発で注目が集まる。

COP（締約国会議）　国連気候変動枠組み条約に関してよく使われる。

HBS（ハーバード・ビジネス・スクール）　米ハーバード大学の経営大学院。ESG研究の世界最高峰。レベッカ・ヘンダーソン教授は「資本主義の再構築」で知られる。ジョージ・セラフェイム教授は、環境や人材の費用便益を計算するIWA（インパクト加重会計）の開発に取り組む。

WEF（世界経済フォーラム）　ダボス会議を主宰。資本主義のリセットを提唱。同フォーラムの企業委員会であるIBC（国際ビジネス委員会）は、21の中核指標から成る「ステークホルダー資本主義測定指標」を発表している。

GSIA（世界持続可能投資連合）　ESG投資に取り組む世界の金融機関や投資が会社からなるネットワーク組織。頻繁に引用、紹介される「世界全体のESG投資規模は31兆ドル」という数字は同連合の統計による。

2　投資関連

ESG（環境・社会・企業統治）　ＰＲＩで明文化された。近年は国債など公的資産への投資にも使われるため、「企業統治」を「ガバナンス」の語に置き換えることもある。あくまで投資の考え方として考案されたという点に留意が必要。

SRI（社会的責任投資）　２０００年前後に主に欧州で普及。ＳＲＩとＥＳＧとはまったく別物とする見方もあるが、少なくとも欧州の有力投資家は明確には区別していない。英国のブレア元首相が推進したことでも知られる。

CSR（企業の社会的責任）　企業のＥＳＧ対応機能として注目される。会社によっては慈善イベントと同義だったが、現在は市場への情報発信に欠かせない視点となりつつある。

GPIF（年金積立金管理運用独立行政法人）　日本におけるＥＳＧ投資の旗振り役。世界最大の年金投資家。同法人が２０１５年にＰＲＩに署名したことが、日本でのＥＳＧの広がりが加速するきっかけとなった。

NBIM（ノルウェー銀行投資マネジメント部門）　ノルウェーの政府系年金の運用部門。

ＥＳＧ投資を強力に推進。脱炭素の観点から思い切ったダイベストメントを実行することでも知られる。

MSCI　米国の金融サービス会社。ＥＳＧ関連の指数を算出。

S&P　米国の信用調査会社。ＥＳＧ関連の指数算出も手掛ける。

FTSE　英国の指数算出会社。欧州でＳＲＩが始まったころから企業の社会的責任を調査、指数を算出。

CSV（共通価値の創造）　米経営学者マイケル・ポーター教授が２０１１年に提唱。慈善活動ではなく、企業の本業による社会問題の解決が価値を生むという考え。ＥＳＧに通底。

LGBT＋　レズビアン、ゲイ、バイセクシャル、トランスジェンダー、およびそれ以外の性的指向。ナスダックは上場企業に対して、少なくとも1名は取締役会メンバーに加えるよう求めた。人的資本の多様性を示すものとして、ＥＳＧ投資家も急速に注目するようになった。

3 NGO／NPO

WWF（世界自然保護基金） 世界最大の環境団体。各国の金融当局とも連携し、金融振興策にも協力している。RESPONDという運用会社のポートフォリオの脱炭素の度合いを診断するツールも開発、公開している。ESG投資家の運用方針にも影響力を持つ。

RAN（レインフォレスト・アクション・ネットワーク） 森林保護などを訴える世界的な組織。世界の金融機関がどの程度、パーム油事業などに融資しているかを示すデータベース「森林と金融」を構築。日本のメガバンクなどとも対話のパイプを築いている。

GCEL（世界脱炭素リスト） ドイツの環境NGOウルゲバルトが作成。世界約800社の石炭事業への関与を調査し、格付け。2017年から公開され始め、2020年版は全世界の935社を掲載。日本の電力会社や商社などに対する厳しい評価が目立つ。

RSPO（持続可能なパーム油のための円卓会議） WWFなどが中心となり2004年に設立された環境認証組織。RSPO認証のパーム油は全体量の2割程度しかないとされ、世界中の食品メーカーなどが調達を急いでいる。欧州のビジネスでは欠かせない。

4　金融・市場監督／情報開示

EU（欧州連合）　ＥＳＧを域内金融の活性化戦略に適用。脱炭素を経済復興に結びつける「グリーンリカバリー」を推進。ここ数年は、環境保護に資するかどうかで経済活動を分類する「タクソノミー（分類）」の開発を進めている。

ECB（欧州中央銀行）　ラガルド総裁のもとで、環境債の購入などグリーン金融緩和を模索している。

SEC（証券取引委員会）　米国内の資本市場を監督する機関。バイデン新大統領のもと、米国におけるＥＳＧ情報の開示を義務化するかどうかが焦点に。

FSB（金融安定理事会）　世界の金融監督当局で構成。金融システム安定の観点から環境問題を調査。カーニー前議長のリーダーシップで、企業や金融機関が気候変動リスクを分析、開示するための仕組みＴＣＦＤ（気候関連財務情報開示タスクフォース）を始めた。

IOSCO（証券監督者国際機構）　世界の市場監督当局で構成。ＥＳＧ投資の動向や情報開示を注視。

NGFS（気候変動リスク等に係る金融当局ネットワーク）　世界の金融・市場監督当局から成る。2017年の発足。日本からは2018年に金融庁、19年に日銀が参加。気候変動が金融システムに与える影響などを調査。

SASB（サステナビリティ会計基準審議会）　米国の会計関係者で構成する民間組織。ESG情報の開示基準をつくる。マテリアリティ（重要性）の概念を提唱し、投資家の意思決定に役立つESG情報の開示を進めてきた。助言組織に米国以外の企業や運用会社も招くなど、欧州やアジアへの展開も意識している。

GRI（グローバル・リポーティング・イニシアチブ）　オランダに本部を置き、ESG開示基準の作成を進める

IIRC（国際統合報告評議会）　英国に本部を置く会計士などの専門組織。「自然資本」や「人的資本」など資本概念の拡張を提唱。日本企業の間で普及する統合報告書のひな型をつくったことでも知られる。2021年中に米SASBと合併し、バリューリポーティング財団を設立する。

SSEI（持続可能な証券取引所イニシアチブ）　米ナスダックなどが中心になり2009年に設立。各国の証券取引所を通じてESG情報の開示を促す。

JPX（日本取引所グループ）　日本の東京証券取引所などを統合する。日本企業のESG情報開示を促進。SASB情報の普及にも力を入れる。

MAS（シンガポール金融通貨庁）　金融センター振興に向け、フィンテックとESG投資の融合を構想する。グリーンボンド市場の育成にも力を入れる。

あとがき　新型コロナとＥＳＧ

２０２０年は新型コロナウイルスの災厄が世界経済を覆った1年でしたが、グローバルな資本市場でＥＳＧの大きなうねりが起きた年でもありました。新型コロナとＥＳＧ。二つの現象は独立した個別の事象ではなく、密接に結びついているのだと思います。

ウイルス発生の背景には人類が自然を破壊し、経済活動を野放図に拡大したことによる生態系の破壊があるとの説があります。自然が開発されすぎた結果、本来は接触することがなかった動物と人間の距離が近づきすぎたことが、感染のきっかけになったとの指摘も聞いたことがあります。

いずれにせよ、新型コロナ禍は、人間が自然とは無縁の存在ではないことを改めて知らしめ、地球温暖化や生物多様性といったＥＳＧのＥ（環境）の重要性を示しました。

さらに、感染症は社会や組織のなかの立場の弱い人たちを窮地に追い込みました。非正規の従業員は職を失い、サプライチェーンの下請けの労働者は危険をおかして働いても賃金が支払われないといった不条理を突きつけられました。

持てる者と持たざる者との経済格差は広がり、社会の分断は深刻化。今や、政治のポピュリズム（大衆迎合主義）は世界のどこでも見られる現象です。ＥＳＧのＳ（社会）が問われているのです。

また、業績が悪化した企業は経営立て直しのための迅速な意思決定が求められ、各国は経済復興のための国際協調も必要になりました。ＥＳＧのＧ（ガバナンス）も、再構築が必要になっています。

ワクチンの接種が徐々に始まると、私たちは新型コロナ後の世界にも具体的な思いをはせるようになりました。米国の新大統領であるバイデン氏は、選挙戦の最中から「より良い復興」（ビルド・バック・ベター）を掲げてきました。これは、東日本大震災を経験した日本人がとなえ続けてきた理想に重なります。欧州の「緑の復興」（グリーンディール）も、こうした理念に相通ずるものがあります。

２０２１年は、世界中がより良い社会の建設に向け歩みを進める年になります。ＥＳＧはそこに通底する理念の一つになります。国際研究機関グローバル・カーボン・プロジェクトによれば、新型コロナ禍による経済の停滞で２０２０年の地球全体の二酸化炭素排出量は24億トン減少したそうです。

１００年に1度と大騒ぎされた世界金融危機直後の２００９年の減少量は5億トン、第二次世界大戦末期でも10億トン弱だったそうです。新型コロナの衝撃がいかに大きかったかが分かります。

新型コロナ後の人類は、二酸化炭素を減らしながら、経済活動を一刻も早く新型コロナ前に戻すという難度の高い復興をしなければなりません。脱炭素や再生エネルギーへの転換を求めるマネーの力は、これまで以上に求められるでしょう。代替エネルギー開発の新型技術に向かうベンチャー投資も活発になるはずです。

新型コロナのワクチン接種に伴い、豊かな先進国でワクチンが出回り、資金力のない新興国や発展途上国は接種が進まないという問題が浮上しています。国際機関がグローバルなインパクトファンドを組成し、ワクチンを購入して途上国に回すといった仕組みが構想されないものでしょうか？　ここでもＥＳＧマネーは頼りになるはずです。

新型コロナの災厄は経済活動のあり方、資本主義のかたちについて再考を促しました。ＥＳＧが象徴するステークホルダー主義は、新しい資本主義を考えるうえで欠かせない視座を提供しています。

また、ＥＳＧは金銭的な資本以外にも、自然資本や人的資本など様々な「資本」があることを教えてくれます。こうした資本概念の拡張化は、狭義の金銭資本だけを重視するシェアホルダー・キャピタリズムを乗り越えていくための土台となります。

ESGはジャーニー（旅）だと、本書のまえがきに書きました。アフターコロナの世界も旅は続きます。投資アイデアとしてのESGが飽きられ、株式や債券の売買テーマとしては消えてしまったとしても、持続可能な経済活動を多面的に考えていかなければならないことに変わりはありません。

本書の構想を練り、固めるうえで多くの方々から知見を共有させていただきました。新型コロナ禍で人の移動が制限され、ほとんどの取材がオンラインに移行したため、逆に国境を越えたインタビューがやりやすくなったという面は間違いなくあります。

オンラインの時代は近くの人と疎遠になるかわりに、遠くの人とつながりやすくなるようです。

英オックスフォード大学客員教授のロバート・エクルズ氏、米証券取引委員会（SEC）元委員長のメアリー・シャピロ氏、米ハーバード大学教授のレベッカ・ヘンダーソン氏、ハーバード・ビジネス・スクール教授のロバート・セラフェイム氏らと議論できたのは、金融ジャーナリストとして本当に貴重な経験となりました。

日経BP日本経済新聞出版本部の堀口祐介氏には、慌ただしい師走に本書の編集を担当していただきました。妻の雅子には本を執筆するたびに助けてもらっています。ありがとうございました。

2021年1月

小平龍四郎

著者略歴

小平 龍四郎（こだいら・りゅうしろう）

日本経済新聞編集委員

1988年早稲田大学第一文学部卒。同年日本経済新聞社入社。証券部記者として「山一証券、自主廃業」や「村上ファンド、初の敵対的TOB」などを取材。欧州総局、経済金融部編集委員、論説委員、アジア総局編集委員を経て、現職。著書に『企業の真価を問うグローバル・コーポレートガバナンス』『アジア資本主義』（いずれも日本経済新聞出版）がある。

日経文庫 1432

ESGはやわかり

2021年2月15日　1版1刷

著　者　小平 龍四郎
発行者　白石 賢
発　行　日経BP
　　　　日本経済新聞出版本部
発　売　日経BPマーケティング
　　　　〒105-8308　東京都港区虎ノ門4-3-12

装幀　next door design
組版　マーリンクレイン
印刷・製本　シナノ印刷

 ISBN978-4-532-11432-9
Printed in Japan